Syed Riaz Uddin
Mintao Zhong
Muhammad Zubair

Latcripin-7A, derivado de Lentinula edodes C91-3, induz a apoptose

Syed Riaz Uddin
Mintao Zhong
Muhammad Zubair

Latcripin-7A, derivado de Lentinula edodes C91-3, induz a apoptose

Extracção de fármacos anti-cancro a partir de fontes naturais

Imprint

Any brand names and product names mentioned in this book are subject to trademark, brand or patent protection and are trademarks or registered trademarks of their respective holders. The use of brand names, product names, common names, trade names, product descriptions etc. even without a particular marking in this work is in no way to be construed to mean that such names may be regarded as unrestricted in respect of trademark and brand protection legislation and could thus be used by anyone.

Cover image: www.ingimage.com

This book is a translation from the original published under ISBN 978-620-6-15904-9.

Publisher:
Sciencia Scripts
is a trademark of
Dodo Books Indian Ocean Ltd. and OmniScriptum S.R.L publishing group

120 High Road, East Finchley, London, N2 9ED, United Kingdom
Str. Armeneasca 28/1, office 1, Chisinau MD-2012, Republic of Moldova, Europe
Printed at: see last page
ISBN: 978-620-6-00269-7

Dissertação de doutoramento

Latcripin-7A, derivado de Lentinula edodes C91-3, induz a apoptose e a autofagia nas células cancerosas

Autor: Syed Riaz Ud **din**
Supervisor: Huang **Min**
Disciplina: Microbiologia

Universidade de Medicina de Dalian

Índice

Latcripin-7A, derivado de Lentinula edodes C91-3, induz a apoptose e a autofagia nas células cancerosas

Mecanismo molecular da apoptose e autofagia de células tumorais induzidas pela proteína Latcripin-7A do cogumelo shiitake C91-3

Nome do estudante: Syed Riaz ud din

Supervisor: Huang Min

Departamento: Departamento de Microbiologia

Escola de Ciências Médicas Básicas.

Mecanismo molecular da apoptose e autofagia de células tumorais induzidas pela proteína Latcripin-7A do cogumelo shiitake C91-3

Autor: Syed Riaz Ud din

Tutor: Min Huang

Disciplina: Microbiologia

Antecedentes

O cancro gástrico (CG) é considerado o terceiro cancro mais mortal, a seguir aos cancros do pulmão e colorrectal. Os casos de CG estão a aumentar gradualmente, com um aumento de cerca de 5,7% só em 2019. De acordo com os registos de 2015, quase 50% da maioria dos novos casos diagnosticados ocorreram na América do Sul e Central, na Europa Oriental e na Ásia Oriental. Em contrapartida, foram detectados muito poucos casos na América do Norte, em África, no Sul da Ásia, na Austrália e na Nova Zelândia.

O cancro da mama (CM) é outro tipo heterogéneo de cancro e é o tipo de cancro mais comum nas mulheres, mas também está presente nos homens. De acordo com as estatísticas da American Cancer Society para 2019, foram diagnosticados 268.800 novos casos em mulheres e 2.670 novos casos em homens.A frequência de casos de CB ocorre em todo o mundo, incluindo Austrália, América do Norte, Ásia e Europa Ocidental. No nosso país, a incidência de CB tem vindo a aumentar nas últimas décadas, aumentando quase 20-30%, e surpreendentemente, a incidência de CB está a aumentar 3-5% ano após s ano.

A investigação sobre o cancro é valorizada pelas suas limitações diagnósticas e terapêuticas. Nos últimos anos, temos observado um rápido aumento de novos diagnósticos de cancro da mama e gástrico, e a resolução eficaz deste problema tem atraído a nossa atenção e interesse. Os novos medicamentos anticancerígenos para o tratamento do cancro têm merecido atenção devido aos seus reduzidos efeitos secundários. A cirurgia dirigida ao tumor e a quimioterapia são frequentemente recomendadas como uma opção adequada para o tratamento oncológico. Este tratamento conduz geralmente a uma recidiva do cancro. As abordagens de quimioterapia ao cancro são concebidas para as fases adjuvante e metastática. Até à data, a cirurgia combinada com a quimioterapia parece favorecer uma recuperação rápida. Infelizmente, esta terapia combinada pode conduzir a resultados clínicos graves. Encontrar medicamentos anticancerígenos eficazes com efeitos secundários mínimos é, por conseguinte, um desafio para os investigadores.

Os medicamentos anti-cancro derivados de fontes naturais são considerados uma melhor opção devido ao seu baixo custo, poucos efeitos secundários e elevada eficácia. Os cogumelos têm uma longa história como fonte de medicamentos e alimentos e são considerados uma fonte alimentar saudável. Os cogumelos shiitake são reconhecidos pela sua actividade anti-tumoral. Estudos recentes demonstraram que o shiitake tem um efeito significativo na apoptose e que a sua boa fonte pode reduzir as respostas antagónicas à quimioterapia. Os péptidos (LP-1, LP-13) extraídos do shiitake demonstraram uma eficácia significativa contra vários tipos de cancro, conduzindo à apoptose das células tumorais. Foi também relatado que o LP-1 inibe a migração e a invasão das células do CG através da via de sinalização fosfatidilinositol-3-quinase (PI3K)/Akt.

No entanto, o efeito anti-proliferativo da Latcripina-7A (LP-7A) em GC e BC ainda não foi relatado. Estabelecemos com êxito um sistema de expressão procariótica para a LP-7A. O objectivo do nosso estudo foi centrar-se no papel potencial da LP-7A como agente antitumoral em diferentes cancros e proporcionar opções melhores e mais eficazes para o tratamento do cancro. Neste estudo, verificou-se que o LP-7A desempenha um papel importante na paragem do ciclo celular, na promoção da apoptose e na autofagia, inibindo a via PI3K/Akt nas células GC (SGC-7901 e BGC-823) e a via NF-κB nas células BC (MDA-MB-231 e MCF-7). Estes resultados sugerem que o LP-7A tem uma actividade anticancerígena significativa em GC e BC.

Objectivo

1) Investigar a actividade antitumoral do LP-7A em linhas celulares de cancro da mama e gástrico.

2) Explorar o papel da LP-7A na inibição da viabilidade e proliferação celular.

3) Determinar se o LP-7A induz a paragem do ciclo celular nos cancros da mama e gástrico.

4. explorar o papel da LP-7A na indução da autofagia.

5) Identificar e estudar as vias envolvidas na indução da morte das células cancerosas.

6) Investigar o efeito inibitório da LP-7A na migração e invasão das células cancerígenas.

Métodos

Parte I: Um péptido natural, a latcripina-7A (LP-7A), extraído de cogumelos shiitake, foi estudado quanto aos seus efeitos na inibição do crescimento, apoptose e autofagia em células de cancro da mama (MCF-7 e mda-MB-231). A expressão de marcadores proteicos de apoptose, autofagia e ciclo celular foi confirmada por análise de westernblot. As propriedades anti-migração e anti-invasivas do LP-7A foram analisadas por ensaios de migração e invasão, e o efeito do LP-7A no crescimento celular foi analisado por citometria de fluxo. Os efeitos anticanceríY genos do LP-7A nas linhas celulares de cancro da mama foram confirmados por coloração com laranja de acridina, hoechst 33258, fragmentação do ADN e potencial de membrana mitocondrial (MMP).

Parte 2: A modelação por homologia da LP-7A foi efectuada através do servidor phyre2. As interacções entre vias e proteínas foram avaliadas pela ferramenta de pesquisa para a recuperação de genes/proteínas em interacção (STRING). O efeito anti-proliferativo do LP-7A nas células de cancro gástrico foi examinado por CCK-8, formação de colónias e métodos morfológicos. A coloração com Hoechst, o westernblot e a citometria de fluxo foram utilizados para detectar o efeito do LP-7A na apoptose das células SGC-7901 e BGC-823. A autofagia foi detectada por coloração com laranja de acridina e westernblot. Detecção do ciclo celular por citometria de fluxo e westernblot. Foi estudada por westernblot e base de dados STRING. O efeito anti-migratório do LP-7A foi analisado por ensaios de cicatrização por arranhões, westernblot, migração e invasão.

Resultados

Parte I: O LP-7A reduziu eficazmente a migração das células de cancro da mama MCF-7 e MDA-MB-231 e promoveu a apoptose e a autofagia, induzindo a paragem do crescimento das células de cancro da mama MCF-7 e MDA-MB-231 na fase G0/G1 e reduzindo o potencial da membrana mitocondrial, sem efeitos adversos nas células mamárias normais Mcf-10A.

Parte II: O LP-7A inibe eficazmente o crescimento das células canceríY genas gástricas através da inibição da via mTOR/PI3K/Akt. O LP-7A actua nas células cancerí genas gá stricas bloqueando o ciclo celular na fase G1, inibindo assim a migração e a invasão celular. Além disso, o LP-7A induziu a apoptose e a autofagia nas células cancerí genas SGC-7901 e BGC-823.

Conclusão

Podemos concluir que o LP-7A é um fármaco anticancerí geno promissor que induz a apoptose e a autofagia nas células do cancro da mama através do stress mitocondrial. O LP-7A também afecta a proliferação de células do cancro gástrico (SGC-7901 e BGC-823) e o LP-7A induz a apoptose, a autofagia e a inibição do ciclo celular nas células do cancro gástrico. Os resultados actuais sobre o LP-7A fornecem dados e bases teóricas para o desenvolvimento futuro do LP-7A como agente antitumoral para aplicação clí nica.

Palavras-chave: cancro da mama; Latcripin-7A; cogumelo shiitake; cancro gástrico; mTOR/PI3K/Akt; apoptose; autofagia

Resumo em inglês

Latcripin-7A, derivado de Lentinula edodes C91-3, induz a apoptose e a autofagia nas células cancerosas

Autor: Syed Riaz Ud <u>din</u>

Supervisor: Prof. Huang <u>Min</u>

Disciplina: <u>Microbiologia</u>

Antecedentes

O cancro gástrico (CG) é considerado o 3rd cancro mais letal entre os cancros, seguido do cancro do pulmão e do cancro colorrectal. Os casos de CG estão a aumentar gradualmente. Os casos de CG estão a aumentar gradualmente, com a taxa de escalada de 5,7% aproximadamente documentada apenas em 2019. De acordo com o registo de 2015, a maioria dos novos casos, quase 50% dos doentes, foram diagnosticados na América do Sul e Central, na Europa Oriental e na Ásia Oriental. Em comparação, a América do Norte, a África, o Sul da Ásia, a Austrália e a Nova Zelândia registaram um número significativamente menor de casos.

O cancro da mama (CM) é outro tipo de cancro de natureza heterogénea e o tipo de cancro mais frequente nas mulheres e existe nos homens. De acordo com as estatísticas da Sociedade Americana de Cancro para 2019, apenas 268 800 novos casos foram diagnosticados em mulheres e 2 670 novos casos foram diagnosticados em homens. A frequência dos casos de CB existe em toda a região mundial, incluindo a Austrália, a América do Norte, a Ásia e a Europa Ocidental. Na China, a taxa de incidência de CB aumentou nas últimas décadas em cerca de 20-30% e, surpreendentemente, aumentou com a velocidade de 3-5% ao ano.

A investigação sobre o cancro (incluindo todos os tipos de cancro) está a ser alvo de atenção devido ao seu elevado alcance e às suas limitações em termos de diagnóstico e tratamento. Nos últimos anos, verificámos que o número de novos casos de cancro da mama e gástrico diagnosticados tem aumentado rapidamente, o que nos chamou a atenção e despertou a nossa atenção. Nos últimos anos, constatámos que o número de casos de cancro da mama e do cancro gástrico diagnosticados recentemente tem aumentado rapidamente, o que suscitou a nossa atenção e interesse. O objectivo é proporcionar uma abordagem global e abrangente do diagnóstico e do tratamento do cancro da mama.

Os novos fármacos anticancerígenos para o tratamento do cancro continuam a ser prejudicados pelos seus efeitos secundários reduzidos. Este tipo de tratamento resulta geralmente em reincidência e resistência. A abordagem quimioterapêutica do cancro é concebida para a fase neoadjuvante, adjuvante e metastática. Infelizmente, esta combinação de tratamentos pode resultar em resultados clínicos graves. Por conseguinte, é um desafio para os investigadores descobrir agentes anticancerígenos com maior eficácia e efeitos secundários mínimos.

Os medicamentos anti-cancro extraídos de fontes naturais são também conhecidos como uma melhor escolha devido ao seu baixo custo, menos efeitos secundários e maior eficácia. Os cogumelos têm uma longa história de utilização como medicamento e fonte de alimentação, que se acredita ser uma fonte de alimentação deliciosa e saudável. Lentinula edodes, também conhecido como cogumelos shiitake, tem potencial para actividade anti-tumoral. Estudos recentes mostraram que *Lentinula edodes tem* efeitos potenciais e significativos na apoptose celular e no seu bem-estar. Estudos recentes mostraram que *o Lentinula edodes tem efeitos potenciais e significativos sobre a* apoptose celular e a sua fonte bem intencionada para diminuir as reacções antagónicas da quimioterapia. O LP-1 também inibe a migração e a invasão das células do CG, travando o crescimento celular na fase S e aumentando a apoptose. O LP-1 também inibe a migração e a invasão das células do CG, travando o crescimento celular na fase S através da via de sinalização da fosfatidilinositol-3-quinase (PI3K)/Akt.

Pelo contrário, a Latcripina-7A (LP-7A) não foi referida pela sua natureza anti-proliferativa em CG ou CB. Desenvolvemos com êxito um sistema de expressão procariótica para a expressão e clonagem da LP-7A após uma técnica de purificação adequada. O presente estudo tem por objectivo proporcionar uma opção melhor e mais eficaz para tratar o cancro. Este estudo descobriu que a LP-7A desempenha um papel crítico na paragem do ciclo celular, promove a apoptose e a autofagia através da inibição da via PI3K/Akt nas células GC (SGC-7901 e BGC-823), e a via NF-κB em BC (MDA-MB-231 e MCF-7). Estes resultados revelam a actividade anticancerígena significativa do LP-7A em GC e BC.

Objectivos

1. Descobrir a sensibilidade do LP-7A em linhas celulares de cancro da mama e gástrico.
2. Investigar o papel da LP-7A na inibição da viabilidade celular e da taxa de proliferação celular.
3. Identificar se o LP-7A induz a paragem do ciclo celular em células de cancro da mama e gástrico.
4. Para determinar o papel da LP-7A na indução da autofagia.
5. Identificar e investigar as vias envolvidas na estimulação da morte das células cancerosas.
6. Investigar o efeito da LP-7A na inibição da migração e invasão das células cancerígenas.

Métodos

Parte 1: Consequentemente, abordámos um novo mecanismo para resolver esta questão. O péptido naturalmente disponível denominado latcripina-7A (LP-7A), extraído de um cogumelo chamado Lentinula edodes, forneceu-nos resultados promissores relativamente à paragem do crescimento, apoptose e autofagia em células de cancro da mama (MCF-7 e MCF-7). O péptido naturalmente disponível denominado latcripina-7A (LP-7A), extraído de um cogumelo chamado Lentinula edodes, forneceu-nos resultados promissores no que diz respeito à paragem do crescimento, apoptose e autofagia em células de cancro da mama (MCF-7 e MDA-MB-231). As expressões dos marcadores proteicos para a apoptose, a autofagia e o ciclo celular foram confirmadas através da análise Western blot. Foram efectuados ensaios de migração e invasão para analisar as propriedades anti-migratórias e anti-invasivas do LP-7A, enquanto a análise do ciclo celular foi efectuada através de citometria de fluxo para avaliar Foram efectuados ensaios de apoio como o laranja de acridina, a coloração Hoechst 33258, a fragmentação do ADN e o potencial de membrana mitocondrial (MMP) para confirmar as propriedades anti-migratórias e anti-invasivas do LP-7A, enquanto a análise do ciclo celular foi efectuada através de citometria de fluxo para avaliar o seu efeito no crescimento celular. Foram realizados ensaios de apoio como o laranja de acridina, a coloração Hoechst 33258, a fragmentação do ADN e o potencial da membrana mitocondrial (MMP) para confirmar ainda mais o efeito anticancerígeno do LP-7A nas linhas celulares do cancro da mama.

Parte 2: A modelação por homologia da LP-7A foi realizada através do servidor phyre2. A via e as interacções proteína-proteína foram avaliadas através da "Search Tool for A via e as interacções proteína-proteína foram avaliadas através da "Search Tool for Retrieval of Interacting Genes/Proteins" (STRING). Os efeitos anti-proliferação do LP-7A nas células de cancro gástrico foram examinados através de CCK-8, formação de colónias e ensaio de morfologia. Apoptose do LP-7A A autofagia foi avaliada através de coloração com laranja de acridina e western blot. O ciclo celular foi avaliado através de ensaio de citometria de fluxo e western blot. A via foi estudada através de western blot e A via foi estudada através de western blot e da base de dados STRING. Os efeitos anti-migratórios do LP-7A foram analisados através de cicatrização de feridas, western blot e ensaio de migração e invasão.

Resultados

Parte 1: Conclui-se que o LP-7A reduz eficazmente a migração e promove a apoptose e a autofagia nas linhas celulares de cancro da mama MCF-7 e MDA-MB-231 Conclui-se que o LP-7A reduz eficazmente a migração e promove a apoptose e a autofagia nas linhas celulares de cancro da mama MCF-7 e MDA-MB-231, induzindo a paragem do crescimento celular na fase G0/G1 e diminuindo o potencial da membrana mitocondrial sem efeitos adversos nas células mamárias normais MCF-10A.

Parte 2: O LP-7A inibiu eficazmente o crescimento de células de cancro gástrico através da inibição da via mTOR/PI3K/Akt. O tratamento com LP-7A em células de cancro gástrico interrompeu o ciclo celular na fase G1, o que contribuiu para a inibição da migração e invasão. O tratamento com LP-7A em células de cancro gástrico interrompeu o ciclo celular na fase G1, o que contribuiu para a inibição da migração e invasão. Além disso, o LP-7A induziu a apoptose e a autofagia nas células cancerígenas SGC-7901 e BGC-823.

Conclusão

Podemos concluir que actua como um promissor agente anticancerígeno capaz de iniciar a apoptose intrínseca e a autofagia nas células do cancro da mama através de Os estudos apresentados sobre o LP-7A podem ser avaliados em conjunto com outros agentes antitumorais já conhecidos, e a terapêutica elaborativa pode ser mais eficaz. O LP-7A de *Lentinula edodes* é um agente anti-cancro promissor. Tem o potencial de afectar a proliferação de células de cancro gástrico (SGC-7901 e BGC-823). Tem potencial para afectar a proliferação de células de cancro gástrico (SGC-7901 e BGC-823). O LP-7A induz a apoptose, a autofagia e inibe o ciclo celular na fase G1 em células de cancro gástrico.

Palavras-chave: Cancro da mama; Latcripin-7A; *Lentinula edodes*; cancro gástrico; mTOR/PI3K/Akt; apoptose; autofagia

1.0 Introdução geral

1.1 Estatísticas do cancro

O cancro é uma doença iniciada por um crescimento celular desordenado e sem limites. O cancro existe em formas malignas e benignas. Qualquer tipo de cancro que se inicie a partir de uma parte do corpo ou de um tecido que possa conquistar a outra parte é reconhecido como cancro. Em 2019, surgiram quase 1,7 milhões de novos casos de cancro e, no ano passado, foram registadas 606 880 mortes associadas ao cancro nos Estados Unidos. Os casos extremos notificados foram: cancro do pulmão (228 150 novos casos e 142 670 mortes), cancro da mama (271 270 novos casos e 42 260 mortes). cancro da próstata (apenas no sexo masculino; 174 650 novos casos e 31 620 mortes), cancro do cólon (novos casos 101 420 e morte 51 020), cancro da pele não melanoma (novos casos 104 350 e morte 11 000 mortes) e cancro da pele não melanoma (novos casos 104 350 e morte 11 000 mortes). (novos casos 104.350 e morte 11.650), e cancro do estômago (novos casos 27.510 e morte 11.140) nos Estados Unidos [1] .

Alguns factores como o tabaco, a obesidade, a falta de exercício físico, a exposição a produtos químicos, a mutação genética, a exposição a radiações, as infecções graves e as doenças auto-imunes causam 90-95% dos cancros. Os restantes 5-10% dos casos surgem devido à herança genética. Estes dois factores podem gerar qualquer tipo de cancro no corpo humano Estes dois factores podem gerar qualquer tipo de cancro no corpo humano [2] . . O cancro relacionado com o sistema digestivo é uma complicação grave para a saúde, tendo sido registados recentemente 328 030 novos casos e 165 460 mortes. A um nível mais amplo, as estatísticas dos cancros relacionados com o aparelho digestivo são as seguintes: cancro do esófago (17 650 novos casos e 16 080 mortes), cancro do fígado -(54 390 e 35 740 mortes), pâncreas (56 770 novos casos e 45 750 mortes), cólon (101 420 novos casos e 51 020 mortes) e outros tumores relacionados com o tracto digestivo, com 7.220 novos casos e 2.860 mortes nos EUA.

O cancro gástrico é uma das principais causas de morte relacionada com o cancro, com uma taxa de sobrevivência mínima de 5 anos após o diagnóstico [3, 4] . . A idade, o sexo e a economia dos doentes são factores essenciais que afectam a taxa de casos de cancro gástrico em diferentes regiões e grupos raciais [5, 6] . . A taxa de cancro gástrico aumenta nos países asiáticos, mais especificamente na parte oriental da Ásia, incluindo a China, a Coreia e o Japão [7] . A região norte e outros países como a Nova Zelândia, a

Austrália e os países do sul da Ásia são zonas de baixo risco com uma taxa de prevalência comparativamente baixa [8] . .

O cancro da mama é outro tipo heterogéneo diagnosticado globalmente entre mulheres e homens, estimando-se que cerca de 268.800 novos casos em mulheres e quase 2.670 novos casos de cancro da mama agressivo em homens sejam diagnosticados no ano de 2019, de acordo com um inquérito da American Cancer Society. ,670 novos casos de cancro da mama agressivo em homens são diagnosticados no ano de 2019, de acordo com um inquérito da American Cancer Society. Estes métodos dependem geralmente do estádio do cancro, da idade da doente e da avaliação histológica do cancro da mama. O estádio é ainda examinado para determinar a invasividade dos tumores, quer sejam limitados no interior ou no exterior do corpo. O estádio é examinado mais detalhadamente para determinar a invasividade dos tumores, quer se limitem aos tecidos da mama, quer tenham ultrapassado a membrana basal, conduzindo a metástases. O tipo de cancro da mama in situ é ainda dividido em ductal ou lobular. Na hiperplasia lobular atípica, as lacerações ductais são mais frequentemente observadas nos ductos mamários [9] . .

1.2 Estratégias de erradicação do cancro : Quimioterapia, Radioterapia e Cirurgia.

As práticas mais comuns para o tratamento do cancro são a radioterapia, a quimioterapia e a cirurgia em alguns países bem desenvolvidos, incluindo a Europa, a América do Norte e alguns países asiáticos. A quimioterapia em ambas as condições, ou seja, pré-operatória e pós-operatória, é comum no controlo da proliferação e crescimento do cancro em doentes em estado avançado. proliferação e crescimento do cancro em doentes em estado avançado [10] . . No cancro gástrico, cirurgias como a gastrectomia total e subtotal e radial, dissecções nodais, ressecções laparoscópicas e pancreatectomia distal Além disso, a recidiva e a recorrência são a principal preocupação no tratamento do cancro através da remoção cirúrgica [11] . . A metástase do tumor gástrico para o fígado e para a periferia também é alarmante nos estudos sobre o cancro [12, 13] . . A quimioterapia e a imunoterapia pré-operatórias, moleculares e direccionadas estão na prática clínica para vários tipos de cancro, incluindo o gástrico e o da mama No entanto, a resistência aos medicamentos e a citotoxicidade dos principais compostos utilizados são os obstáculos no tratamento do cancro [14] . . Por último, mas não menos importante, existem vários efeitos secundários das abordagens actualmente utilizadas na erradicação do cancro, nomeadamente lesões hepáticas e renais e resistência aos medicamentos. Os fármacos são utilizados para atingir células cancerígenas altamente proliferativas, mas vários efeitos secundários são lentos. Os medicamentos são utilizados para combater as células cancerosas altamente proliferativas, mas várias células de crescimento lento não são mortas por estes medicamentos, o que resulta em resistência à quimioterapia, ou seja, má absorção, metabolismo rápido, baixo nível sérico, administração de medicamentos (por exemplo, má absorção, metabolismo rápido, baixo nível sérico, problemas de entrega do medicamento e baixa penetração nos tecidos) e alterações genéticas ou epigenéticas nas células cancerosas [15] . . Alterações especificamente direccionadas, variações na mecânica de entrada do fármaco e perda de receptores de superfície celular cooperativos são os principais factores para a resistência aos medicamentos [16] . . Nestas bases, vários fármacos estão a ser utilizados na clínica para ultrapassar a resistência aos fármacos no cancro. Por exemplo, a utilização de fármacos hidrofóbicos à base de produtos naturais Por exemplo, a utilização de fármacos à base de produtos naturais hidrofóbicos determina a activação do domínio de ligação ao ATP e modula as formas da glicoproteína p (p-gp) [17, 18] . . O oligonucleótido anti-sentido é outra abordagem para ultrapassar a resistência aos medicamentos [19] . . A utilização de anticorpos monoclonais contra o receptor CD20 é outra abordagem não convencional para minimizar a resistência aos medicamentos [20-22] . . O melhor é encontrar e descobrir a actividade anticancerígena de novos compostos naturais com baixa citotoxicidade e baixo custo. Recentemente, um grande número de compostos naturais demonstrou a capacidade de reduzir a resistência aos fármacos nas células cancerígenas e, além disso, visou diferentes vias responsáveis pela proliferação e crescimento do cancro. proliferação e crescimento do cancro [23]. .

1.3 Medicinal Cogumelos e terapia do cancro

Os grandes produtos conhecidos de fontes naturais têm sido utilizados para tratar diferentes doenças, incluindo o cancro, uma vez que têm uma longa história [24, 25] . . Os metabolitos secundários funcionam de uma forma ou de outra, apresentando as suas propriedades terapêuticas para curar o corpo vivo de várias doenças [26] . . Os cogumelos são o alimento funcional comum com valores nutricionais que também têm alguma importância medicinal em estudos anteriores [27] . . Entre 10.000 espécies de cogumelos, 700 espécies comestíveis fornecem uma fonte diversificada de produtos nutricionais e domínios medicinais. 50 espécies são tóxicas para o corpo humano Por outro lado, quase 50 espécies são tóxicas para o corpo humano [28] . . *Pleurotus ostreatus* (ostra), *Flammulina velutipes* (cogumelo de Inverno), *Pleurotus sajor-caju* (fénix), *Agaricus bisporus, Volvariella volvacea* ((cogumelo de palha), *Auricularia* (orelha-de-pau) e *Lentinula edodes* (shiitake) são alguns tipos de cogumelos comuns com múltiplas propriedades conhecidas e são cultivados em diferentes regiões do mundo, sobretudo no norte da América, na Europa e no sudeste asiático [28, 29] . Entre estes, 3-28% são hidratos de carbono, 8-10% minerais e 2-8% ácidos gordos. -8% de ácidos gordos Entre estes, 3-28% são hidratos de carbono, 8-10% minerais e 2 -8% ácidos gordos [30, 31] . . Os cogumelos contêm vitaminas como a niacina, a tiamina, a biotina, a riboflavina, a vitamina C e as pró-vitaminas A [32] . .

Os cogumelos têm sido objecto de atenção por parte de investigadores, nutricionistas e várias outras disciplinas, uma vez que o seu potencial terapêutico é conhecido desde os tempos mais remotos da era humana. O ácido pantoténico (vitamina B12) é um excelente produto originário dos cogumelos, benéfico para o crescimento e desenvolvimento do sistema nervoso. Outro produto essencial obtido a partir dos cogumelos chama-se selénio, um mineral responsável pela protecção contra a deterioração das células, e Outro produto essencial obtido a partir dos cogumelos é o selénio, um mineral responsável pela protecção contra as células danificadas, e a ergotioneína (um antioxidante), que defende contra as lesões celulares. Além disso, os cogumelos são enriquecidos com proteínas, glicoproteínas, polissacáridos, terpenos e alguns outros compostos bioactivos capazes de tratar as diferentes doenças humanas [32] . . No que diz respeito ao cancro, os cogumelos são bem conhecidos no tratamento do cancro e de outras doenças semelhantes nos seres humanos. Muito cedo, em 1957, foi detectado o primeiro composto à base de cogumelos contra o cancro pela sua actividade em células cancerosas S-180 num modelo de ratinho. Em estudos anteriores, foram realizados vários estudos para verificar a eficácia dos cogumelos e dos seus derivados na modulação do sistema imunitário, bem como na erradicação de vírus e bactérias resistentes a múltiplos medicamentos. vírus e bactérias multirresistentes [33] , actividades antitumorais [34] , na regulação da diabetes [35] , hiperlipidemia e demência de Alzheimer [36] . No que diz respeito ao tratamento do cancro, vários estudos relatam as actividades anticancerígenas de compostos originários de cogumelos no cancro da bexiga urinária [37] . , cancro do fígado cancro do fígado [38] , cancro do colo do útero [39] . , cancro do colo do útero cancro do colo do útero [39] , cancro do pulmão , cancro do pulmão [40] , cancro colorrectal [41] , cancro da mama e cancro gástrico [42] .

1.4 *Lentinula edodes* derivados e a sua actividade anticancerígena

O Lentinula edodes é um cogumelo comestível conhecido pelas suas propriedades medicinais e tem vários nomes locais em diferentes regiões do globo, ou seja, alguns O Lentinula edodes é um cogumelo comestível conhecido pelas suas propriedades medicinais e tem vários nomes locais em diferentes regiões do globo, ou seja, alguns nomes famosos deste cogumelo são *shiitake* no Japão, *cogumelo da floresta negra* nos EUA e *lentin* em França. Na China, porém, o nome comum deste cogumelo é *Xiang-gu*, *dong-gu* e Hua-gu [Na China, porém, o nome comum deste cogumelo é Xiang-gu, dong-gu e Hua-gu]. . *Lentinula edodes* pertence à família Agaricaceae, ao filo Basidiomycota e ao reino Fungi [44, 45] . . Aparece em carvalhos, áceres, choupos, amoreiras e outras árvores e nas madeiras em decomposição dessas árvores. Recentemente, um grande número de espécies conhecidas, incluindo edodes, são cultivadas em diferentes regiões para fins medicinais. Recentemente, um grande número de espécies conhecidas, incluindo edodes, são cultivadas em diferentes regiões para fins medicinais, sobretudo em regiões quentes e húmidas como o Sudeste Asiático [46] . . Estima-se que o Lentinula edodes foi cultivado pela primeira vez na era da dinastia Song na China e, mais tarde, os japoneses cultivaram este mais tarde, os japoneses cultivaram este cogumelo em maior escala e tornaram-se o principal produtor deste cogumelo [47] .

A Lentinula edodes alargou a consideração científica metódica porque tem uma maior variedade de componentes terapêuticos e, mais importante. A Lentinula edodes expandiu a consideração científica metódica porque tem uma maior variedade de componentes terapêuticos e, mais importante, é utilizada como agente anti-tumoral, antimicrobiano, antiviral, antifúngico, anti-hipertensivo, antioxidante, hipoglicémico e hipocolesterolémico. Em estudos anteriores, um famoso composto chamado Lentinan (β-(1,3)-D-glucan) foi extraído do micélio ou dos corpos de frutificação de *Lentinula edodes* associado a propriedades imunomoduladoras [48] . É composto por um polissacárido β-1 glucano É composto por polissacárido β-1 glucano [49] Desempenha funções vitais desde a eliminação do cancro até à regulação imunitária em vários aspectos nos animais. Tem uma estrutura de tripla hélice e foi validado para melhorar a taxa de sobrevivência de doentes com cancro gástrico e colorrectal. A S-1, uma fluoropirimidina, é constituída por dois compostos envolvidos na dihidropirimidina desidrogenase e, em combinação com a cisplatina e o taxol, a fluoropirimidina apresenta actividades anticancerígenas promissoras. Foi determinado que o lentinano impediu o desenvolvimento do cancro em modelos de ratinhos em comparação com os grupos de controlo [50] .

Verificou-se que o Lentinula edodes, um cogumelo potente, aumenta a resposta dos macrófagos à concanavalina A. Além disso, promove as células assassinas naturais que desempenham um papel vital na prevenção da carcinogénese viral. células que desempenham um papel vital na prevenção da carcinogénese viral [50] . . A administração oral modula o sistema imunitário, enquanto a injecção peritoneal resulta na eliminação do cancro em modelos de ratinhos [51] . . O lentinano, juntamente com outros medicamentos em combinação, aumentou a taxa de sobrevivência no cancro gástrico [52] . . Por conseguinte, estes medicamentos têm sido utilizados em ensaios clínicos como terapia adjuvante para vários tipos de cancro em seres humanos [51] .

Para compreender o papel da Lentinula edodes na indústria farmacêutica, foram utilizados diferentes sistemas de expressão para clonagem e expressão de proteínas utilizados [53] . O nosso grupo de investigação centra-se na actividade anticancerígena dos componentes proteicos da Lentinula *edodes* C91-3 desde 2012. Com base nesta caracterização *de novo, foi isolado um grande número de genes para descobrir a* actividade terapêutica da *Lentinula edodes* C91-3. Com base nesta caracterização de novo, foi isolado um grande número de genes para descobrir as práticas terapêuticas da estirpe C91-3 de *Lentinula edodes* [54]. . A latcripina-1 (LP-1) foi investigada quanto à sua actividade anticancerígena e foi determinado que induz apoptose (número de acesso GenBank: JQ327159). A LP-1 tem uma estrutura/domínio terciário distinto relacionado com o PI3KCIII, que se opõe ao PI3KCI/II e está associado a eventos autofágicos [55] . Outra proteína recombinante, a LP-13, inibiu a viabilidade celular e induziu a paragem do ciclo celular na fase G_1 , conduzindo à apoptose pela via de sinalização NF-κB na linha de células A549 [56] . O LP-15 limitou a proliferação das células A549 de uma forma dependente do tempo e da dose. O LP-15 induziu a apoptose [57] . [57] . . O LP-11 exibiu uma actividade antioxidante, abafou a proliferação celular e induziu a apoptose na linha celular U937 do linfoma leucémico de monócitos humanos [58] . . LP16-PSP inibiu a taxa de proliferação e inibiu a paragem do ciclo celular mediada por p21WAF1/CIP1 na fase G_1 em células cancerígenas de leucemia HL-60 em estudos anteriores [59] . .

1.5   Objectivos da investigação

1. Descobrir a sensibilidade do LP-7A em linhas celulares de cancro da mama e gástrico.
2. Investigar o papel da LP-7A na inibição da viabilidade celular e da taxa de proliferação celular.
3. Identificar se o LP-7A induz a paragem do ciclo celular em células de cancro da mama e gástrico.
4. Para determinar o papel da LP-7A na indução da autofagia.
5. Identificar e investigar as vias envolvidas na estimulação da morte das células cancerígenas.
6. Investigar o efeito da LP-7A na inibição da migração e invasão das células cancerígenas.

Parte 1.

2.0 Latcripin-7A, derivado de *Lentinula edodes* C$_{91-3}$, induz apoptose, autofagia e paragem do ciclo celular na fase G$_1$ em células de cancro da mama

2.1 Introdução

Na última década, observámos um aumento da investigação sobre o cancro, influenciado por vários factores. Nos últimos anos, assistiu-se a uma intensificação do cancro, mas o rápido aumento do diagnóstico do cancro da mama chamou a nossa atenção para a necessidade de abordar esta questão de forma eficaz. No entanto, o rápido aumento do diagnóstico do cancro da mama chamou a nossa atenção para a necessidade de abordar esta questão de forma eficaz. Tem sido referido que todos os anos o diagnóstico positivo do cancro da mama contribui para o aumento exponencial do número de casos, que se estima ultrapassarem um milhão por ano no cancro da mama. Entre estes, estima-se que 18% do total de casos de cancro conduzem à morte Entre estes, estima-se que 18% do total de casos de cancro conduzem à morte [60, 61] . Entre estes, estima-se que 18% do total de casos de cancro levam à morte [60, 61] . A taxa de cancro da mama era elevada em quase todas as partes do mundo, incluindo a Austrália, a América do Norte, a Ásia e a Europa Ocidental [62] . [62] . . Na China, porém, esta taxa de incidência tem vindo a aumentar desde as últimas décadas, passando de 20% para 30%, e continua a aumentar 3-5% por ano, o que representa para um aumento global de 1,5% ao ano [63, 64] . .

Os produtos de extracção natural foram sempre sugeridos como a melhor opção de tratamento, centrando-se nos efeitos secundários mínimos e na maior eficácia [65] . Os cogumelos têm uma longa história de servir como uma das melhores escolhas para medicina e fontes alimentares, fornecendo elevados valores nutricionais [66] . . Neste caso, um dos cogumelos mais bem estudados é o Lentinula edodes pelas suas características medicinais em termos de eficiência antimicrobiana. estimulador imunitário e actividade anticancerígena [66-68] . Os ensaios clínicos sobre os metabolitos secundários *de Lentinula edodes* como agente terapêutico anti-cancro provaram possuir as propriedades de minimizar os efeitos secundários quando combinados com agentes

20

quimioterapêuticos tradicionais [66] . . Devido a estas propriedades, a nossa equipa de investigação expressou e isolou um número de metabolitos secundários, incluindo péptidos de *Lentinula* edodes e de outros peptídeos. Devido a essas propriedades, a nossa equipa de investigação expressou e isolou uma série de metabolitos secundários, incluindo péptidos de Lentinula edodes, e investigou a sua eficácia terapêutica anticancerígena em várias linhas celulares. As células cancerosas gástricas e as células cancerosas gástricas foram submetidas à paragem do ciclo celular na fase G1 através do tratamento com péptidos extraídos, tais como a Latcripina-3 (LP-3) e a Latcripina-1 (LP-1), respectivamente, que envolvem a activação do ciclo celular. -1), respectivamente, que envolvem a sinalização NF-κB para a inibição do crescimento [65, 69, 70]

A latcripina-7A (LP-7A), por outro lado, não foi avaliada quanto à sua eficácia anticancerígena. A ocorrência e a abundância de cancro da mama na última década A ocorrência e a abundância de cancro da mama na última década aumentaram consideravelmente o enfoque do nosso estudo, que convergiu para a descoberta da eficácia da LP-7A em linhas celulares de cancro da mama. Analisámos simultaneamente as células de cancro da mama MCF-7 e MDA-MB-231 e MCF-10A como células normais da mama para avaliar o efeito adverso na mama normal Mantivemos as células cancerosas para avaliar o estudo mecanicista da eficácia do LP-7A em pormenor, a fim de estabelecer uma base para a nossa conclusão.

2.2 Materiais e métodos

2.2.1 Cultura celular e reagentes

As linhas celulares de cancro da mama MCF-10A e MCF-7 e MDA-MB-231 foram adquiridas do Shanghai Cell Bank, Chinese Academy of Sciences (Xangai, China). Estas células foram mantidas e cultivadas em meio de Eagle modificado de Dulbecco (DMEM) (Hyclone; GE Healthcare Life Sciences Logan, UT, EUA) com 10% de soro fetal bovino (FBS), obtido da Tianjin Haoyang Biological Products Technology Co. penicilina (100 unidades/mL) e estreptomicina (100 µg/mL) a 37°C, numa atmosfera húmida com 5% de CO_2 .

MMP-2 (10373-2-Ap), MMP-9 (10375-2-Ap), IKB (10268-1-AP), NF-κB (14220-1-AP), p21 (10355-1-Ap), Cdk6 (14052-1-Ap), Ciclina E1 (11554-1-Ap). Citocromo C (10993-1-Ap), Bax (23931-1-Ap), Bcl-2 (12789-1-Ap), Caspase-9 clivada

(10380-1-AP), Caspase-1 clivada (22915-1 -AP). Caspase-3 (19677-1-Ap), PARP clivada (k-200027M), Atg7 (67341-1-19), Atg12 (11122-1-Ap), Atg5 (11262-2-Ap), LC3 I/II (12135-1-AP), p62 (18420-1-AP) e GAPDH juntamente com AP) e GAPDH, juntamente com anticorpos secundários anti-coelho, foram adquiridos à Protein-tech (Wuhan, China). Os anticorpos p-IKB (Ser 32), Beclin-1 (EPR19662) e Caspase-6 (9762) foram obtidos junto da Cell Signaling Technology (EUA). A ciclina D1 (60186-1-ig) e a caspase-8 (66093-1-ig) foram adquiridas à Thermo fisher Scientific, Waltham, MA, EUA). O kit Annexin V-FITC/PI e o kit de ensaio Hoechst 33258 foram obtidos da KeyGen Biotech (Xangai, China). A matriz de matrigel foi adquirida à Corning Inc. (EUA) e a laranja de acridina foi obtida da Solarbio Science & Technology (China).

2.2.2 Purificação e expressão da proteína recombinante LP-7A

A latcripina-7A (LP-7A) é uma proteína recombinante registada de Lentinula edodes C-91-3 (China General Microbiological Culture Collection Center). A expressão da forma activa da LP-7A (39 kDa) foi realizada de acordo com um protocolo previamente descrito descrito anteriormente [71] . . Resumidamente, o gene LP-7A foi expresso em Rosetta gami (DE3) utilizando o vector de expressão Pet32a (+). A indução do LP-7A foi amplificada com (isopropil-β-D-tiogalactopiranosídeo) IPTG (0,5 mM). A solubilização do tampão de lise foi efectuada em várias condições através do método de congelação-descongelação, utilizando o tampão de solubilização (50 mM Tris-HCl, 3 M 100 mM NaCl). A purificação posterior foi efectuada com esferas magnéticas anti-His (Bio tool/US) seguindo o protocolo do fabricante. incubadas em tampão de ligação (20 mM NaH2PO4, 500 mM NaCl, 30 mM imidazole, 3 M ureia pH 7,5) a 4 °C para activar as esferas. O tampão de lavagem dos corpos de inclusão (50 mM Tris-HCl, 100 mM NaCl, 01 mM EDTA, 1% Triton X-100, 3 M ureia pH 7,5) foi utilizado para lavar a coluna de His-tag para remover as impurezas. A eluição das proteínas His-tag ligadas foi efectuada por adição de tampão de eluição (20 mM NaH2PO4, 500 mM NaCl, 500 mM imidazol, 3 M ureia pH 7,5). A redobragem foi optimizada através de tampões de redobragem com pH entre 6,0 e 9,0 (Quadro Suplementar S1), e a purificação e concentração finais foram O redobramento foi optimizado através de tampões de redobramento com pH entre 6,0 e 9,0 (Tabela suplementar S1), e a purificação e concentração finais foram efectuadas por diálise utilizando tampão de diálise (0,238 mM NaHCO3 e 0,38 1 mM EDTA Na2). A electroforese em gel de SDS e o ensaio de BCA (ácido bicinconínico) foram efectuados em cada etapa para análise qualitativa e quantitativa da LP-7A.

2.2.3 Citotoxicidade e viabilidade celular

MCF-10, MCF-7 e MDA-MB-231 foram cultivadas em placas de 96 poços contendo 200 µl de DMEM. As células foram cultivadas durante a noite a 37°C com 5% de CO atmosférico$_2$. Atingindo 70% de confluência, as células foram lavadas suavemente com PBS e várias concentrações de LP-7A (0 µg/ml, 75 µg/ml, 100 µg/ml, 125 µg/ml) foram aplicadas como Após 48 h de tratamento, as células foram lavadas suavemente com PBS e várias concentrações de LP-7A (0 µg/ml, 75 µg/ml, 100 µg/ml, 125 µg/ml) foram aplicadas como tratamento Após 48 horas de tratamento, foi adicionada uma solução de CCK-8 (10 µl/poço), seguida de um período de incubação de 3 a 5 horas. Após a mudança de cor, a densidade óptica (DO) a 450 nm foi analisada. A curva de crescimento foi formulada e o IC$_{50}$ foi calculado utilizando o Graph Pad Prism 6.0.

2.2.4 Microscopia de contraste de fase e ensaio de formação de colónias

As células de cancro da mama MCF-7 e MDA-MB-231, juntamente com as células mamárias normais MCF-10A, foram tratadas com as concentrações indicadas de LP-7A durante 48 h. Após lavagem, as células foram novamente submersas em DMEM e foram obtidas imagens de contraste de fase com uma ampliação de 40X utilizando um microscópio de contraste de fase. Após a lavagem, as células foram novamente submersas em DMEM e as imagens de contraste de fase foram obtidas com uma ampliação de 40X utilizando o microscópio de contraste de fase. No ensaio, as linhas celulares de cancro da mama foram tratadas da mesma forma e, após 48 horas de incubação, foram lavadas, tripsinizadas e transferidas para placas de 6 poços. -Estas placas de 6 poços foram incubadas a 37°C e o meio de crescimento foi substituído a cada 48 horas. As colónias foram observadas durante um período de 10 dias. Foi utilizado paraformaldeído a 4% (PFA) durante 15 minutos para fixar as células e coradas com o corante violeta cristal durante 10 a 20 minutos. Estas colónias de células de cancro da mama tratadas com LP-7A foram lavadas novamente com PBS. As imagens foram obtidas com uma câmara (Sony IMAX Sensor).

2.2.5 Ensaio de cicatrização de feridas

Foram utilizadas placas de 6 poços para a cultura de células de cancro da mama e, depois de a confluência atingir 50%, foi feito um arranhão em cada placa utilizando 10 µl esterilizados Após a raspagem, as células foram lavadas suavemente com PBS três vezes. A concentração indicada de LP-7A foi utilizada como tratamento para estas células da mama As células foram incubadas a 37°C e as imagens foram tiradas após o período de tempo indicado.

2.2.6 Migração e invasão

O ensaio de migração e invasão celular foi efectuado numa câmara transwell com poros de 8 µm (Corning Inc.). As instruções do fabricante foram seguidas para a diluição do Matrigel e a concentração utilizada para a invasão. As células tratadas com LP-7A e não tratadas foram então tripsinizadas e semeadas na câmara transwell As câmaras superiores continham DMEM sem FBS e as câmaras inferiores continham DMEM com 10% de FBS. A câmara foi incubada a 37°C durante 12 h para iniciar o processo de migração e invasão da câmara superior para a inferior. As células fixadas no lado interior da câmara superior foram removidas com um cotonete macio, enquanto o lado exterior inferior da câmara superior foi fixado com PFA a 4% durante 15 min. Posteriormente, estas células fixadas foram As células foram submetidas a um microscópio de luz para obtenção de imagens com uma ampliação de 20X.

2.2.7 Coloração com Hoechst 33258

Para realizar a coloração com Hoechst 33258, foram utilizadas placas de 12 poços para a cultura de células de cancro da mama com várias concentrações de LP-7A. As células do cancro da mama foram lavadas com PBS e fixadas com PFA a 4%. As células foram novamente lavadas e foram aplicados 100 µl de corante Hoechst 33258 de acordo com o protocolo do fabricante. A lavagem foi repetida para remover a coloração extra e as células foram expostas ao microscópio fluorescente. microscópio.

2.2.8 Ensaio de fragmentação do ADN

As células tratadas com LP-7A (MCF-7 e MDA-MB-231) foram recolhidas após 48 h e lavadas com PBS. A lise das células foi efectuada com o tampão de lise fornecido pelo kit de fragmentação do ADN KeyGen e, em seguida, seguiu-se o tratamento enzimático. O ADN foi precipitado utilizando etanol a 70% e o ADN foi misturado com igual quantidade de tampão de carregamento de gel de agarose. O ADN foi precipitado utilizando etanol a 70% e o ADN foi misturado com igual quantidade de tampão de carga do gel de agarose para seguir a electroforese em gel de agarose a 15%. ferramenta.

2.2.9 Análise do ciclo celular

As células de cancro da mama tratadas com LP-7A foram recolhidas e lavadas após 48 h com PBS. As células foram submetidas a etanol a 70% durante a noite a 4°C para fixação. Aproximadamente 1×10^6 células/mL foram ressuspensas em 50 µg/mL de iodeto de propídio (PI) juntamente com 5 µg/mL de RNase e depois analisadas pelo citómetro FACS-Calibur (BD Accuri C^6 Biosciences, Heidelberg, Alemanha) após incubação durante 30 minutos a 37°C.

2.2.10 Medição do potencial de membrana mitocondrial

O potencial de membrana mitocondrial (MMP) foi analisado e avaliado pelo kit JC-1 (kGA 601) em linhas celulares de cancro da mama tratadas com LP-7A após 48 h de tratamento. Seguiu-se o protocolo do fabricante. Resumidamente, as células foram lavadas com PBS, tratadas com solução de JC-1 durante 10 minutos no escuro e depois lavadas com tampão de diluição. A DO a 535 nm foi medida utilizando um leitor de microplacas.

2.2.11 Apoptose por citometria de fluxo com coloração com Anexina-V-FITC/PI

As células tratadas com LP-7A foram recolhidas e lavadas após 48 h com PBS. As células foram novamente recolhidas e coradas com PI e Anexina V-FITC de acordo com o protocolo do fabricante. A taxa de apoptose foi, então, medida utilizando o citómetro FACS-Calibur.

2.2.12 Coloração com Laranja de Acridina

As células de cancro da mama tratadas com LP-7A foram lavadas com PBS três vezes e recolhidas após 48 h. As células foram então coradas com laranja de acridina, tal como mencionado nas instruções do fabricante, e mantidas no escuro durante 15 minutos a 37°C. As células foram lavadas com PBS e transferidas para lâminas de vidro para análise. As células foram, então, coradas com laranja de acridina, tal como mencionado nas instruções do fabricante, e mantidas no escuro durante 15 minutos a 37°C. As células foram lavadas com PBS e transferidas para lâminas de vidro para lâminas de vidro para a obtenção de imagens em microscópio fluorescente (Olympus IX53).

2.2.13 Western Blot

A lise das células foi efectuada utilizando o reagente RIPA (radio immunoprecipitation assay), que foi também suplementado com inibidores da protease e da fosfatase (Transgen Biotech, Beijing, China). A lise das células foi efectuada utilizando o reagente RIPA (radio immunoprecipitation assay), que também foi suplementado com inibidor da protease e da fosfatase (Transgen Biotech, Pequim, China). O lisado foi recolhido e centrifugado durante 20 minutos à temperatura fria. A concentração de proteínas foi determinada utilizando o kit BCA e um total de 20 a 40 µg/ml As proteínas foram resolvidas e separadas através de electroforese em gel de poliacrilamida com dodecil sulfato de sódio e a concentração de proteínas foi determinada utilizando o kit BCA e um total de 20 a 40 µg/ml de concentração de proteínas/poço foi carregado em gel de poliacrilamida com dodecil sulfato de sódio. As proteínas foram resolvidas e separadas através de electroforese em gel de poliacrilamida com dodecil sulfato de sódio (SDS-PAGE), sendo depois transferidas para membranas de PVDF (fluoreto de polivinilideno) (Millipore. Billerica, MA, EUA) e bloqueadas durante 1 h à temperatura ambiente utilizando um tampão de bloqueio, ou seja, 5% de leite desnatado em TBST (20 mM Tris-HCl (pH 7,5), 150 mM NaCl, 0,1% Tween 20). As membranas foram então incubadas com os anticorpos representados durante a noite, numa diluição de acordo com as instruções do fabricante. No dia seguinte, as membranas foram novamente incubadas com anticorpos secundários conjugados com HRP durante pelo menos 1 h, após três lavagens repetidas com TBST durante 15 minutos à temperatura ambiente. A lavagem com TBST foi efectuada novamente após a remoção do anticorpo secundário conjugado com HRP e os blots foram revelados utilizando As membranas foram submetidas a imagiologia para análise, tendo sido utilizada a ferramenta de imagiologia ChemiDcoTM XRS + Imager-Bio-Rad para a análise. As membranas foram submetidas a imagiologia para análise, tendo sido utilizada para o efeito a ferramenta de imagiologia ChemiDcoTM XRS + Imager-Bio-Rad.

2.2.14 Análise estatística

A análise dos dados foi efectuada utilizando a análise de variância (ANOVA) de uma via e o teste t de comparação múltipla foi aplicado utilizando o Graph Pad Prism 6.0. Todas as experiências foram efectuadas em triplicado, salvo indicação em contrário.

2.3 Resultados

2.3.1 Optimização da expressão e purificação da LP-7A

A expressão de LP-7A foi efectuada em Rosetta gami (DE3) utilizando o vector de expressão Pet32a (+). Verificou-se que 6 mM de IPTG proporciona a indução máxima, até 1,4 vezes mais do que o grupo de controlo, da expressão de Pet32a. O pico de indução foi registado às 4 horas na escala temporal (Fig. S1A). A purificação foi ainda melhorada utilizando um tampão de redobramento que proporciona uma solubilidade máxima a pH 7,5 com uma temperatura de - 80 °C (Fig. S1B). S1B). Estas condições foram utilizadas antes da purificação adicional de LP-7A através de esferas com etiquetas His- tag para proporcionar a máxima produtividade de LP-7A (Fig. S1C).

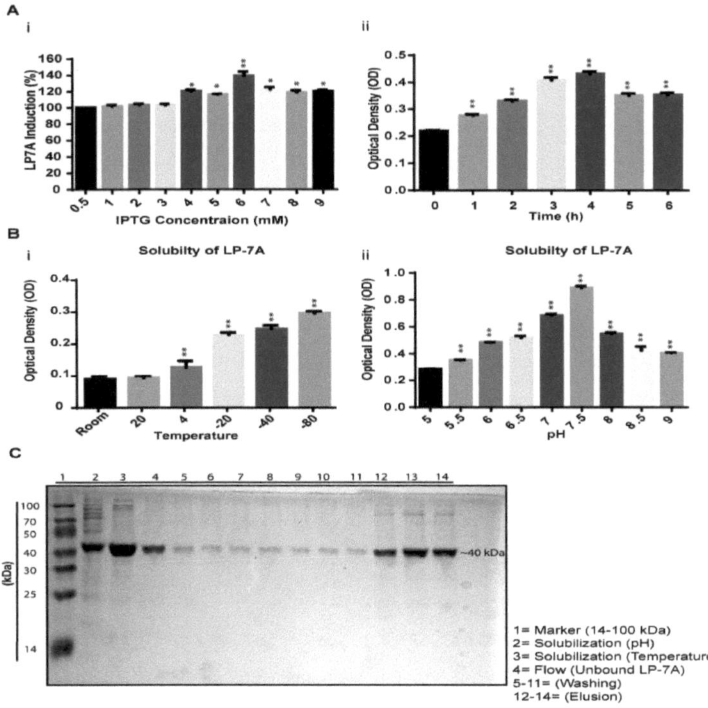

O pico de indução foi registado às 4 horas na escala temporal (Fig. S1A). A purificação foi ainda melhorada utilizando um tampão de redobragem que proporciona uma solubilidade máxima a pH 7,5 com uma temperatura de - 80 °C (Fig. S1B). S1B). Estas condições foram utilizadas antes da purificação adicional de LP-7A através de esferas de Histag para proporcionar a máxima produtividade de LP-7A (Fig. S1C).

2.3.2 O LP-7A inibe a proliferação nas células do cancro da mama

A avaliação da viabilidade celular foi efectuada por ensaio de citotoxicidade através do kit CCK-8 em duas linhas celulares de cancro da mama, ou seja, MCF-7 e MDA-MB-231, e uma linha celular normal (MCF-10A). O IC50 foi calculado para todas essas linhas celulares, que foi de 91 µg/mL para MCF-7 e MDA-MB-231, e para uma linha celular normal (MCF-10A) com várias concentrações variando de 0 a 150 µg/mL por 48 h. mL para a MCF-7 e 122 µg/mL para a linha celular MDA-MB-231, enquanto o efeito citotóxico da LP-7A foi menor na linha celular normal (MCF-10A) com um valor IC50 significativamente mais elevado, ou seja, um valor IC50 mais baixo. valor IC50, ou seja, 1,8 mg/mL (Fig. 1A). Devido à elevada importância do LP-7A em termos de paragem do crescimento nas células do cancro da mama, analisámos também as alterações morfológicas sob microscopia de contraste de fase. Devido à elevada importância do LP-7A em termos de paragem do crescimento das células de cancro da mama, analisámos também as alterações morfológicas no microscópio de contraste de fase com três doses variáveis de LP-7A (75 µg/mL, 100 µg/mL, 125 µg/mL) e um grupo de controlo sem tratamento. foram observadas sofrer deformação agressiva após 48 h com o aumento da dose de tratamento com LP-7A, enquanto nenhuma mudança significativa na forma de MCF- 10A (Fig. 1B). Uma vez que o efeito do LP-7A foi significativamente mais elevado nas células de cancro da mama, avaliámos a proliferação de MCF-7 e MDA-MB-231 através de colónias O número de colónias com as concentrações crescentes de LP-7A (75 µg/mL, 100 µg/mL, 125 µg/mL) também foi aumentado pelo ensaio, o que mostrou consistência com os nossos resultados anteriores de CCK-8. O LP-7A (75 µg/mL, 125 µg/mL) em MDA-MB-231 e MCF-7 foi significativamente reduzido em comparação com o grupo de controlo (Fig. 1C). Estes resultados sugerem que o LP-7A tem um efeito inibidor notável nas células de cancro da mama (MCF-7 e MDA-MB-231), enquanto que nas células normais da mama (MCF- Estes resultados sugerem que o LP-7A tem um efeito inibidor notável nas células do cancro da mama (MCF-7 e MDA-MB-

231), ao passo que nas células normais da mama (MCF-10A), foi observado um impacto menor ou insignificante no crescimento e na proliferação.

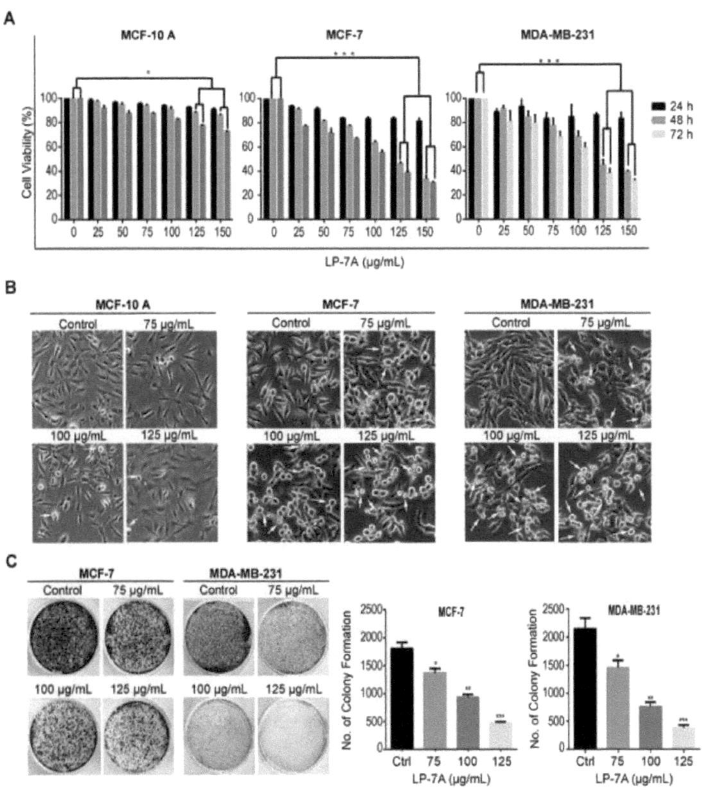

Fig. 1 Inibição do crescimento de células de cancro da mama pelo LP-7A. A Efeito do LP-7A, em várias concentrações (0-150 µg/mL), na viabilidade e proliferação de **células de cancro da mama.** B Foram observadas alterações morfológicas em MCF-7, MDA- MB-231 e MCF-10A através do tratamento com 75 µg/ mL, 100 µg/mL e 125 µg/mL de LP-7A durante 48 h, juntamente com um grupo de controlo, e foram obtidas imagens de contraste de fase com uma ampliação de 40X. A morfologia também foi realizada em MCF-7 e MDA-MB-231 com as mesmas concentrações de LP-7A. A análise estatística através do teste t múltiplo foi realizada usando o Graph Pad Prism 6.0 (* p < 0,05, ** p < 0,01, *** p < 0,001)

2.3.3 O LP-7A inibe a migração e a invasão das células MCF-7 e MDA-MB-231

Devido ao maior efeito inibidor do crescimento do LP-7A em MCF-7 e MDA-MB-231, avaliámos a migração e a invasão destas duas linhas celulares cancerígenas Ao realizar o ensaio de cicatrização de feridas, observámos que a MCF-7 e a MDA-MB-231 apresentaram uma diminuição significativa no preenchimento do espaço riscado entre as células sob tratamento pré-selectivo. Ao realizar o ensaio de cicatrização de feridas, observámos que a MCF-7 e a MDA-MB-231 apresentaram uma diminuição significativa no preenchimento do espaço riscado entre as células sob doses pré-seleccionadas de LP-7A, conforme indicado anteriormente, em diferentes períodos de tempo, ou seja, 0 h, 24 h e 48 h (Fig. 2A). Foi também observado um efeito semelhante durante a realização de ensaios de migração (sem camada de Matrigel) e invasão (com camada de Matrigel) em câmaras transpoços As células foram tratadas com a mesma concentração. As células foram tratadas com a mesma concentração de LP-7A e deixadas em cultura em poços trans com um gradiente de FBS (10% de FBS na câmara inferior e 2% na câmara superior) durante 48 horas. Ambas as linhas celulares (MCF-7 e MDA- MB-231) apresentaram uma diminuição significativa da migração (Fig. 2B) e da invasão (Fig. 2C) através da membrana do poço trans com LP-7A mais elevado. Confirmámos ainda estes efeitos através da avaliação da expressão de marcadores como Confirmámos ainda estes efeitos através da avaliação da expressão de marcadores como a metaloproteinase-2 (MMP-2) e a metaloproteinase-9 (MMP-9) por Western blotting. -O grupo de controlo foi tratado com LP-7A (75 µg/mL, 100 µg/mL, 125 µg/mL) em comparação com o grupo de controlo (Fig. 2D). Além disso, também analisamos as proteínas de downstreaming, ou seja, p-IKB, IKB e NF-κB, que também podem afetar a proliferação, a migração e a proliferação de células de LNL. A expressão de IKB aumentou, mas a activação de IKB na forma fosforilada diminuiu significativamente com o aumento do teor de LP-7A - A expressão de NF-κB também foi reduzida nas células MCF-7 e MDA-MB-231, com o tratamento indicado com LP-7A (Fig. 2E). Estes resultados sugerem que a regulação negativa de MMP-2, MMP-9 e NF-κB, juntamente com uma menor activação de IKB (p-IKB), resultou numa diminuição da proliferação Estes resultados sugerem que a regulação negativa de MMP-2, MMP-9 e NF-κB, juntamente com uma menor activação de IKB (p-IKB), resultou numa diminuição da taxa de proliferação a nível celular em resposta ao LP-7A.

2.3.4 O LP-7A induz a fragmentação do ADN e alterações morfológicas nucleares em linhas celulares de cancro da mama

Relatórios anteriores sugeriram que as células apoptóticas têm características únicas no que diz respeito à morfologia nuclear devido à condensação genómica ou da cromatina. clivagens do ADN nuclear ou ruptura da membrana nuclear [72, 73]. . Para estudar o papel da LP-7A nas alterações morfológicas nucleares e na fragmentação do ADN, efectuámos a coloração com Hoechst 33258 e a análise do ADN em gel Observou-se, através da coloração com Hoechst 33258, que o núcleo das células de cancro da mama tratadas com LP-7A estava encolhido com Observou-se, através da coloração com Hoechst 33258, que o núcleo das células de cancro da mama tratadas com LP-7A diminuía com o aumento das concentrações, em comparação com o grupo de controlo (Figura 3A). Além disso, o ADN extraído das células tratadas com LP-7A foi também analisado por electroforese em gel de agarose, juntamente com o grupo de controlo não tratado Além disso, o ADN extraído das células tratadas com LP-7A foi também analisado através de electroforese em gel à base de agarose, juntamente com o grupo de controlo não tratado, resultando numa maior fragmentação com o aumento das doses de LP-7A (Figura 3B). Estes resultados sugerem o papel potencial do LP-7A em termos de inibição do crescimento da mama através da fragmentação do ADN como via intermédia para a morte celular .

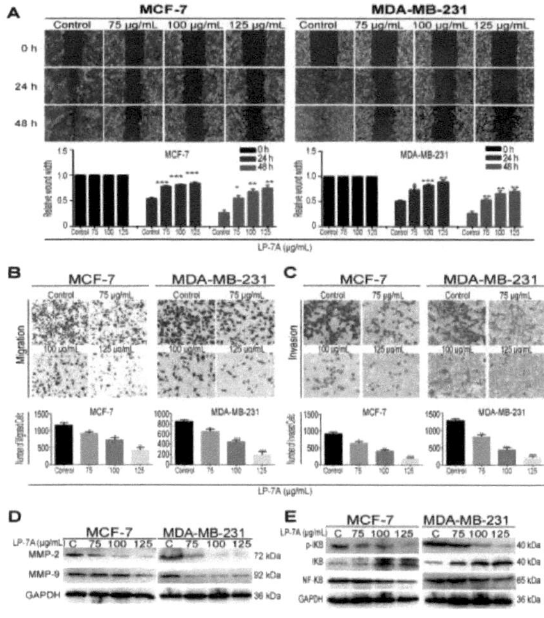

Fig. 2 A LP-7A inibe a migração e a invasão nas células do cancro da mama. Foi realizado um ensaio de cicatrização de feridas para determinar a capacidade de migração das células MCF-7 e MDA-MB- 231 sob várias concentrações de LP-7A (75 µg/mL, 100 µg/mL, 125 µg/mL e um grupo de controlo) num intervalo de tempo de 0 h, 24 h e 48 h. B e C Além disso. Sob a mesma concentração de LP-7A, ambas as linhas celulares de cancro da mama, ou seja, MCF-7 e MDA-MB-231, foram cultivadas numa câmara de poços trans, com Além disso, as expressões das proteínas relacionadas com a migração MMP-2 e MMP-9 foram avaliadas para o estudo da migração e da invasão. As expressões de MMP-9 foram avaliadas por Western blot sob as diferentes doses de LP-7A nas células MCF-7 e MDA-MB-231. E Adicionalmente, os marcadores de proliferação os marcadores IKB, p-IKB e NF-κB também foram avaliados em ambas as linhas celulares via Western blot, tratando as células com LP-7A (75 µg/mL, 100 µg/mL, 125 µg/mL e um controlo (0 µg/mL) indicado como C. A análise estatística foi efectuada utilizando o teste t múltiplo através do GraphPad Prism 6.0 (* $p < 0,05$, ** $p < 0,01$).

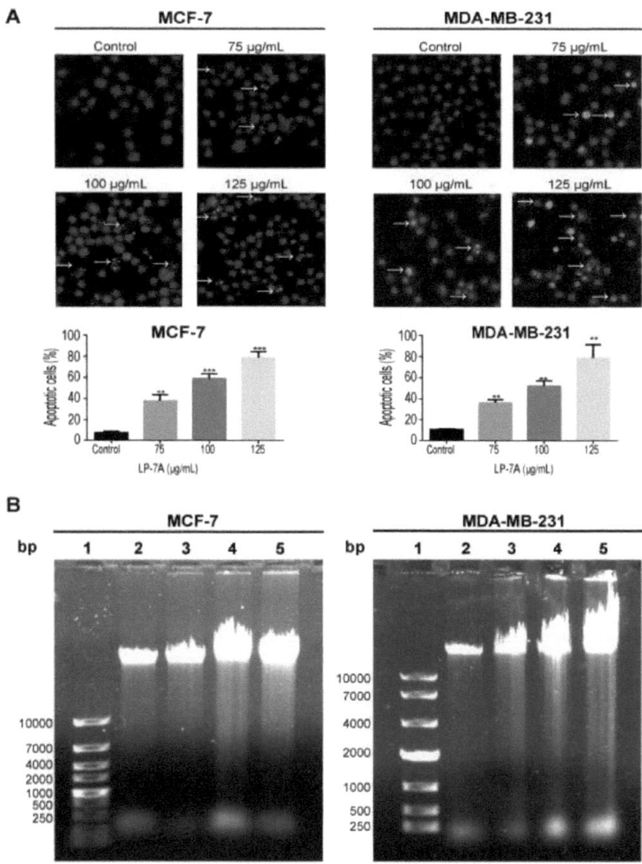

Fig. 3 Indução da fragmentação do ADN pelo LP-7A em células de cancro da mama. A Imagens fluorescentes coradas com Hoechst 33258 para a análise das alterações morfológicas alterações morfológicas nucleares após 48 h de tratamento com LP-7A (75 µg/mL, 100 µg/mL e 125 µg/mL em comparação com o grupo de controlo) com ampliação de 40X em células MCF-7 e MDA-MB-231. B Análise da fragmentação do ADN em células de cancro da mama MCF-7 e MDA-MB-231 tratadas com várias concentrações de LP-7A após 48 h. A disposição das pistas é a seguinte: pista 1, marcador de DNA DL10.000; pista 2, 0 µg/mL; pista 3, 75 µg/mL; pista 4, 100 µg/mL; e pista 5, 125 µg/mL de LP-7A. A análise estatística foi feita com o teste t múltiplo via GraphPad Prism 6 (* p < 0,05, ** p < 0,01)

2.3.5 O LP-7A induz a paragem do ciclo celular na fase G_0 /G_1 mediada por p21 em células de cancro da mama

A análise do ciclo celular das linhas celulares de cancro da mama tratadas com LP-7A em função da dose resultou num número significativo de células presas na fase G_0 /G_1 em comparação com A tendência de aumento da fase G_1 em MCF-7 foi de 57%, 70% e 81% na concentração de 75 µg/mL, 100µg/mL e 125µg/mL, respectivamente, em Além disso, a redução da fase S foi também o factor mais importante para o grupo de controlo. Além disso, também foi observada uma redução na fase S de 49%, 35%, 25% e 9% nas concentrações de 0µg/mL, 75µg/mL, 100µg/mL e 125µg/mL Também se registou uma tendência semelhante na segunda fase (Figura 4A & B). Também foi encontrada uma tendência semelhante na segunda linha celular, ou seja, MDA-MB-231, que mostrou um aumento na fase G_0 /G_1 (32%, 45%, 53% e 76%), enquanto diminuiu na fase S (44%, 39%, 28% e 13%). (44%, 39%, 28% e 13%) nas concentrações de 0µg/mL, 75µg/mL, 100µg/mL e 125µg/mL, respectivamente (Figura 4D&E). Além disso, confirmámos os nossos resultados através da análise da expressão de marcadores relacionados com o ciclo celular por western blot. Observou-se que o inibidor do complexo ciclina-cdk, ou seja, p21, apresentou uma expressão mais elevada, juntamente com uma diminuição confirmada da expressão de Cdk6, ciclina D1 e ciclina E1 em MCF-7 (Figura 4C) e MDA-MB-231 (Figura 4F), mostrando a taxa de inibição do crescimento celular com o aumento da concentração de LP-7A. Estes resultados mostraram que, com o tratamento de LP-7A, a inibição do crescimento das células cancerosas é interrompida na fase G_0 /G_1 , na qual a activação de p21 desempenha um papel importante.

2.3.6 O LP-7A induz apoptose tardia mediada pela mitocôndria em células de cancro da mama

A coloração com Anexina V-FITC e PI, que é normalmente utilizada para monitorizar a externalização da fosfatidilserina na membrana celular, resultando nas fases iniciais da apoptose, foi realizada por citometria de fluxo em linhas celulares de cancro da mama tratadas com LP-7A. A análise dos estádios iniciais da apoptose foi efectuada por citometria de fluxo em linhas celulares de cancro da mama tratadas com LP-7A. Verificou-se um aumento significativo da apoptose na fase tardia nas células tratadas com LP-7A em comparação com o grupo de controlo em ambas as células de cancro da mama (Figura 5A). Além disso, também se observou uma maior regulação significativa das proteínas marcadoras de apoptose mediadas por mitocôndrias, tais como Bax, citocromo c, caspase-9, caspase-8 e caspase-1, juntamente com a expressão de PARP clivado, com

o aumento da dose de tratamento com LP-7A, enquanto a expressão de Bcl-2 mostrou ser
Estes resultados sugerem que a apoptose intrínseca não constituía um problema no grupo
de controlo (Figura 5B). Estes resultados sugerem que as vias apoptóticas intrínsecas são
desencadeadas para iniciar a apoptose das células do cancro da mama, o que foi avaliado
por Estes resultados sugerem que as vias apoptóticas intrínsecas são desencadeadas para
iniciar a apoptose das células do cancro da mama, o que foi avaliado através da medição
da diminuição significativa do potencial da membrana mitocondrial nas células tratadas
com LP-7A (Figura 5C).

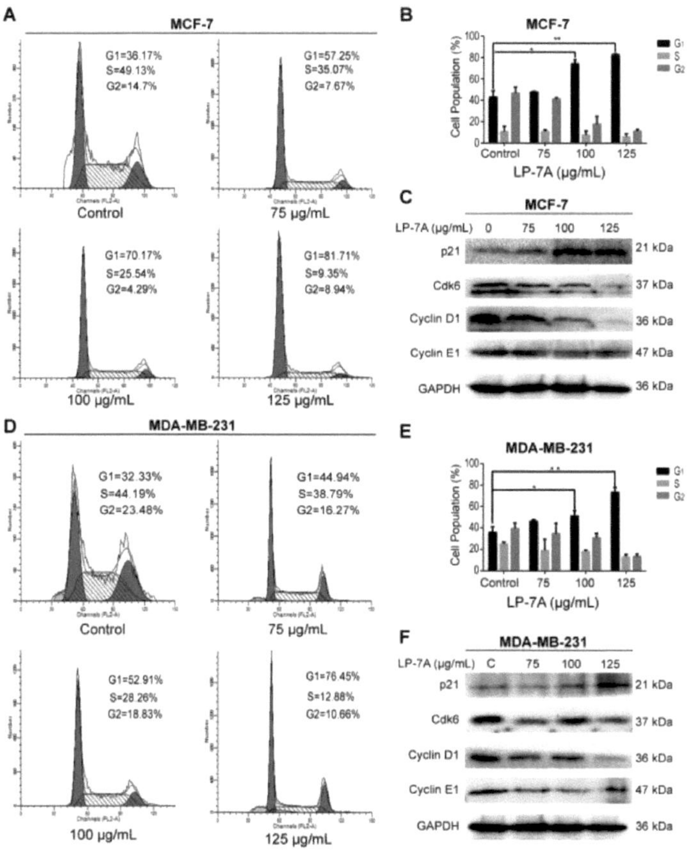

Fig. 4 A LP-7A induz a paragem do ciclo celular mediada por p21 na fase G0/G1. As linhas
celulares de cancro da mama tratadas com LP-7A (controlo, 75 µg/mL, 100 µg/mL, 125 µg/mL) foram

As imagens são representadas em termos de distribuição percentual de células nas fases G0/G1, S e G2 nas células MCF (A e B) e nas células MDA-MB-231 (D e E). Além disso, as expressões de p21, cdk6, ciclina E1 e ciclina D1 foram avaliadas por Western blot em concentrações semelhantes de LP-7A (controlo (0 µg/mL) indicado como C, 75 µg/mL, 100 µg/mL, 125 µg/mL) em MCF-7 (C) e MDA-MB-231 (F). A análise estatística foi realizada usando o teste t múltiplo via GraphPad Prism 6 (* $p < 0,05$, ** $p < 0,01$)

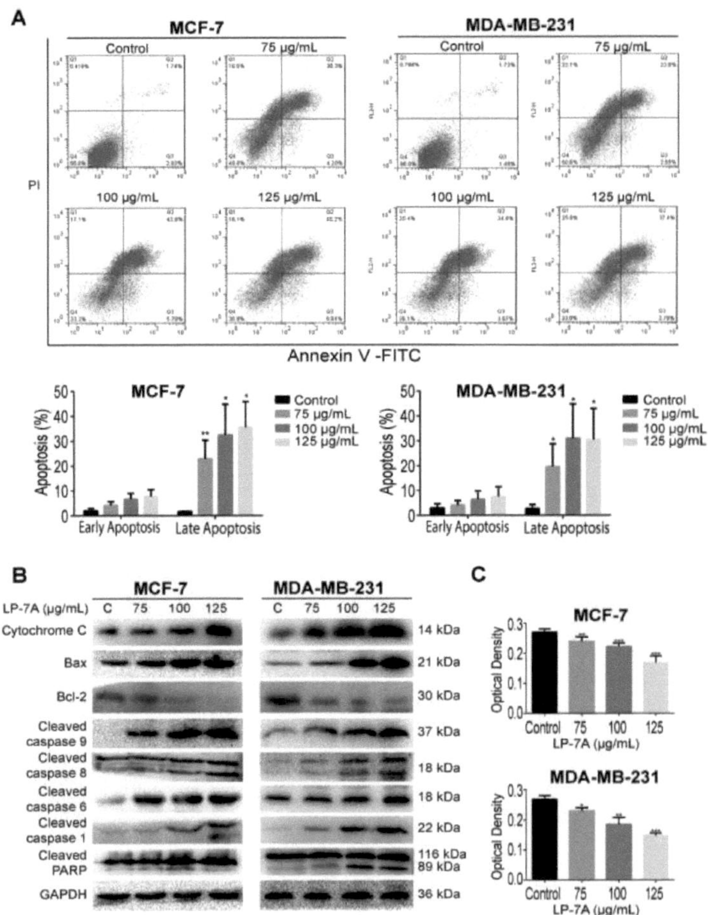

Fig. 5 Indução de apoptose por LP-7A em linhas celulares de cancro da mama. A" A citometria de fluxo foi realizada para o estudo da indução de apoptose por células MCF-7 e MDA-MB-231 tratadas com LP-7A com várias concentrações (75 µg/mL, 100 µg/mL, 125 µg/mL e mantendo 0 µg/mL como grupo de controlo). Estas células tratadas foram coradas com anexina V-FITC/PI. Os números dos quadrantes são representados como anexina V+/PI-, (canto inferior direito), e anexina V

-/Os números dos quadrantes estão representados como anexina V+/PI-, (canto inferior direito), e anexina V+/PI (canto inferior esquerdo), mostrando células apoptóticas precoces e viáveis, respectivamente, enquanto a anexina V+/PI+ (canto superior direito) indica apoptose tardia. Além disso, a expressão de marcadores apoptóticos, como Bax/Bcl-2, citocromo c e caspases, como caspase-8 clivada, caspase-9 clivada, caspase-6 clivada e caspase-6 clivada, e caspase-6 clivada. caspase-6 e caspase-1 clivada, juntamente com PARP clivada, foi avaliada por Western blot em LP-7A (controlo (0 μg/mL) indicado como C, 75 μg/mL, 100 μg/mL. 125 μg/mL) tratadas com células MCF-7 e MDA-MB-231. C O potencial de membrana mitocondrial (MMP) foi analisado pelo kit JC-1 em LP-7A (0 μg/mL, 75 μg/mL, 100 μg/mL. A análise estatística foi feita com o teste t múltiplo via GraphPad Prism 6.0 (* p < 0,05, ** p < 0,01)

2.3.7 O LP-7A promove a autofagia nas células MCF-7 e MDA-MB-231

Ambas as linhas celulares foram tratadas com várias concentrações de LP-7A durante 48 h (0μg/mL, 75μg/mL, 100μg/mL e 125μg/mL), que foram depois analisadas para detecção de acridina Trata-se de um corante orgânico de natureza básica com a capacidade de penetrar através das membranas das bicamadas lipídicas e emitir luz Mas no caso da vacuolização por autofagia, a cor torna-se ainda mais clara Observámos que a cor laranja aumenta gradualmente nas linhas celulares de cancro da mama tratadas com LP-7A em todo o Observámos que a cor laranja aumenta gradualmente nas linhas celulares de cancro da mama tratadas com LP-7A ao longo da concentração crescente (Figura 6A & B). Além disso, a confirmação da autofagia foi avaliada através da realização de western blot e da análise da expressão das proteínas associadas à autofagia Beclin-I, Atg7, Atg12, Atg5, LC3 e p62. Beclin-I é uma proteína supressora de tumores que regula a autofagia, LC3 e Atg's estão envolvidas Beclin-I é uma proteína supressora de tumores que regula a autofagia, LC3 e Atg's estão envolvidas no desenvolvimento de autofagossomas, p62 que se liga a unidades autofagossómicas com LC3/Atg e é degradada durante o processo autofágico, tornando-a assim também um potencial marcador de autofagia A expressão das proteínas associadas à autofagia foi mais elevada durante o western blotting no cancro da mama tratado com LP-7A A expressão destas proteínas autofagossómicas foi mais elevada durante a western blotting nas células de cancro da mama tratadas com LP-7A, excepto a p62, que diminuiu devido à sua degradação (Figura 6C). A expressão destas proteínas associadas à membrana do autofagossoma, em conjunto com a coloração com laranja de acridina, forneceu-nos provas significativas de que o tratamento com LP-7A também pode ser utilizado para a degradação de autofagossomas. A expressão destas proteínas associadas à membrana do autofagossoma, juntamente com a coloração com laranja de acridina, deu-nos provas significativas de que o tratamento com LP-7A também pode iniciar a autofagia nestas células do cancro da mama.

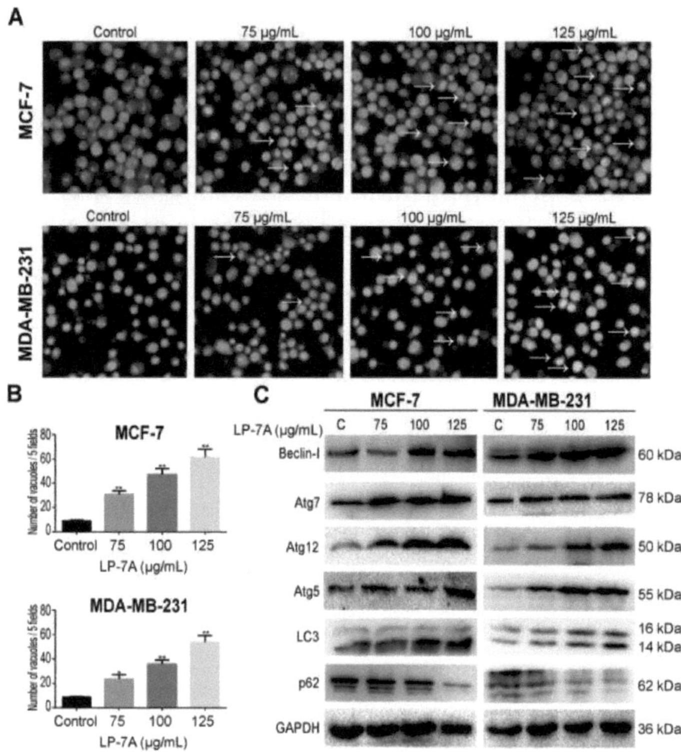

Fig. 6 O LP-7A induz a autofagia em linhas celulares de cancro da mama. A e B O papel do LP-7A na indução da autofagia é analisado através da coloração com laranja de acridina das células MCF-7 e MDA-MB-231 sob várias concentrações indicadas de LP-7A. C Análise da expressão de marcadores relacionados com a autofagia, tais como Beclin-I, Atg 7, Atg 12, Atg 5, LC3 I/II e p62 foi avaliada através de Western blot, tratando células de cancro da mama com diferentes doses (controlo (0 µg/mL) A análise estatística foi efectuada utilizando o teste t múltiplo através do GraphPad Prism 6.0 (* $p < 0.05$, ** $p < 0.01$)

2.4 Discussão

O cancro da mama está associado a um grande número de mortes em todo o mundo; por conseguinte, é necessário desenvolver agentes terapêuticos novos e eficazes que possam ajudar no controlo e tratamento de tumores altamente progressivos com efeitos secundários mínimos [60, 61] . . Verificou-se que as latcripinas, ou seja, a LP-1 de *Lentinula edodes, são* eficazes e eficientes em termos de travagem do crescimento de diferentes tipos de células cancerosas [70] . . No entanto, o efeito da LP-7A não foi avaliado em nenhum tipo de cancro, pelo que foi do nosso interesse estudar a sua eficácia na terapia do cancro. Como o trabalho sobre a latcripina como agente anticancerígeno já tinha sido realizado noutros tipos de cancro, seleccionámos células de cancro da mama, uma vez que ainda não tinha sido avaliada. Verificámos que a LP-7A é um candidato muito eficaz para combater a proliferação de células cancerígenas agressivas. O LP-7A é um candidato muito eficaz para combater a proliferação de células cancerosas agressivas sem afectar as células normais, com um IC_{50} de cerca de 91 µg/mL para as células MCF-7 e 122 µg/mL para as células MDA-MB-231, embora O IC_{50} dado para MCF-10, ou seja, 1,8 mg/mL, representa uma menor toxicidade para as células normais (Figura 1A). Esta elevada sensibilidade das células do cancro da mama ao LP-7A não só afectou a proliferação como também a sua capacidade metastática. Também registámos alterações na morfologia das células do cancro da mama, embora essas alterações não tenham sido observadas de forma proeminente na linha de células normais MCF-10A (Figura 1B).

Além disso, o ensaio de colónias mostrou uma redução significativa na formação de colónias com doses mais elevadas de LP-7A (Fig. 1C). Relatórios anteriores sobre a actividade anticancerígena de peptídeos extraídos de Lentinula edodes também mostraram uma toxicidade consideravelmente menor em células normais No entanto, sugerimos que a actividade anticancerígena das pépides extraídas de Lentinula edodes também demonstrou uma toxicidade consideravelmente menor em células normais [69, 70, 74] No entanto, sugerimos que sejam efectuadas investigações comparativas exaustivas sobre a citotoxicidade do LP-7A e dos actuais fármacos anticancerígenos em células normais de elevada proliferação. No entanto, sugerimos que são ainda necessárias investigações comparativas exaustivas sobre a citotoxicidade do LP-7A e dos fármacos anticancerígenos actuais em células normais altamente proliferativas, como as células da papila dérmica e os queratinócitos, para uma avaliação mais aprofundada da especificidade do LP-7A.

Relatórios e estudos sugerem que a regulação positiva do NF-κB serve como agente de proliferação nas células cancerosas [75-77] e que está envolvida em múltiplas funções que incluem a angiogénese e as metástases, bem como a migração e a invasão. e que está implicado em múltiplas funções que incluem a angiogénese e a metástase, bem como a migração e a invasão [78, 79]. Foi referido que, normalmente, IKB e NF-κB formam um complexo e permanecem inactivos, mas com a fosforilação de IKB, NF-κB fica livre e pode actuar como factor de transcrição para a transcrição de uma variedade de genes [80, 81]. Esta sinalização faz com que a célula cancerígena expresse mais MMP na matriz, resultando na transformação do tumor numa natureza metastática agressiva [82, 83] . . Neste relatório, verificámos que a inibição da expressão da proteína de dissolução da matriz (MMP-2 e MMP-9) é regulada negativamente através do NF-κB pela LP-7A, resultando numa migração e invasão (MMP-2 e MMP-9) significativamente mais baixas. Verificámos que a inibição da expressão da proteína de dissolução da matriz (MMP-2 e MMP-9) é regulada negativamente através de NF-κB por LP-7A, resultando numa migração e invasão significativamente inferiores (Fig. 2B e C) e numa menor taxa de preenchimento do espaço riscado durante a cicatrização de feridas (Fig. 2A). As células de cancro da mama (MCF-7 e MDA-MB-231) mostraram uma diminuição significativa da migração e da invasão quando tratadas com LP-7A.

A abordagem da metástase no cancro é um dos factores-chave para o tratamento do cancro, que pode resultar numa recuperação rápida [84, 85] . . Essas alterações morfológicas, a inibição do crescimento e o nível mais elevado de PARP clivado (Figura 5B) foram ainda avaliados pela clivagem da cromatina (Figura Estas alterações morfológicas, a inibição do crescimento e o nível mais elevado de PARP clivado (Figura 5B) foram ainda avaliados através da clivagem da cromatina (Figura 3A) e da análise do ADN em agarose (Figura 3B), sugerindo a possível condensação da cromatina nuclear e a incapacidade do genoma.

A activação do NF-κB também envolve a regulação de proteínas anti-apoptóticas como a Bcl-2, proliferativas como a ciclina-D1, genes angiogénicos que incluem VEGF [86, 87] . Noutros tipos de cancro, como o cancro do pulmão, a inibição e a translocação nuclear do NF-κB também facilitam a apoptose [88] . . Por conseguinte, os medicamentos anticancerígenos que controlam a activação do NF-κB demonstraram ser agentes terapêuticos anticancerígenos eficazes [87] . . Neste caso, os nossos estudos sobre células de cancro da mama tratadas com LP-7A revelaram um aumento significativo de p21, que actua como inibidor do complexo ciclina-cdk, e proporcionaram e proporcionou uma redução efectiva da ciclina D1, cdk6 e ciclina E1, causando a paragem do ciclo celular na fase G1 (Figura 1A-1F). Além disso, para a transição da fase G1 para a fase S, a ciclina-cdk desempenha um papel significativo   [89]. .

Para além disso, o efeito inibidor das células pode também estimular a apoptose mediada pelas mitocôndrias, tal como mencionado acima, como o papel do NF-κB na expressão de Bcl-2. Por conseguinte, avaliámos ainda mais o efeito do LP-7A para analisar a apoptose das células do cancro da mama. Não foi surpresa observar a acumulação de Não foi surpresa observar a acumulação de uma percentagem significativamente mais elevada de células apoptóticas no canto superior direito (Anexina V+/PI+), o que demonstra um aumento da apoptose tardia (Figura 5A), bem como uma maior expressão de caspases mediada pela relação Bax/Bcl-2 durante o stress mitocondrial, evidente pelo nível de citocromo c nas células do cancro da mama (Figura 5B).

A desregulação das fases do ciclo celular tem sido apresentada como uma das principais razões para iniciar a apoptose [90, 91]. . No entanto, devido à coloração positiva com laranja de acridina nas células de cancro da mama tratadas com LP-7A (Figura 6A) e ao aumento de beclin-1, Atg's, LC3 I/II Estudos revelaram que a autofagia pode contribuir para o desenvolvimento de células de cancro da mama (Figura 6C). que a autofagia pode contribuir para a paragem do ciclo celular ou vice-versa [91-93]. Por conseguinte, devido à novidade do LP-7A, neste momento não é claro que a desregulação do ciclo celular, nas células tratadas com LP-7A, tenha despoletado a autofagia. Neste momento, não é claro que a desregulação do ciclo celular, nas células tratadas com LP-7A, tenha despoletado a autofagia, a apoptose ou, simultaneamente, ambas, ou que possa existir um mecanismo subjacente separado para iniciar a autofagia e a apoptose. O modo de acção completo do LP-7A em termos de apoptose e autofagia das células do cancro da mama está ainda por avaliar. Mas com os nossos dados actuais, concluímos que actua como um agente anti-cancro promissor que pode iniciar a apoptose intrínseca e a autofagia em células de cancro da mama (MCF-7 e MDA-MB-231) mediadas pelo stress mitocondrial. É essencial ter em conta que, apesar da diferença na expressão do receptor de estrogénio (ER) em MCF-7 (ER+) e MDA-MB-231 (ER-), ambas as células de cancro da mama são capazes de iniciar a apoptose intrínseca e a autofagia. Estudos anteriores mostraram que doenças malignas como o melanoma, a leucemia, o cancro do pâncreas e outras doenças, como o cancro, estão associadas a uma semelhança na expressão do receptor de estrogénio (ER) em MCF-7 (ER+) e MDA-MB-231 (ER-). Estudos anteriores mostraram que doenças malignas como o melanoma, a leucemia, o cancro do pâncreas, o cancro do cólon e o cancro da mama têm uma expressão anormalmente mais elevada de NF-κB [94] . O estudo apresentado sobre a LP-7A também mostrou um controlo significativo da regulação positiva do NF-κB. Pode ainda ser avaliada juntamente com agentes antitumorais já conhecidos, e podem também ser exploradas implicações terapêuticas mais elaboradas após ensaios tangíveis em animais e pré-clínicos.

Parte 2.

3.0 Latcripin-7A de Lentinula edodes C91-3 induz apoptose, autofagia e paragem do ciclo celular na fase G1 em células de cancro gástrico humano in-vitro através da inibição da sinalização PI3K/Akt/mTOR

3.1 Introdução

O cancro gástrico (CG) é um dos tipos de cancro mais comuns entre todos os tipos de neoplasias malignas, sendo considerado o terceiro tipo de cancro mais fatal depois do cancro do pulmão e do cancro colorrectal [95] . Em 2019, registou-se um aumento de 5,7% dos novos casos diagnosticados [96] . . No ano de 2015, mais de 50% dos casos foram notificados na América do Sul e Central, na Europa Oriental e na Ásia Oriental (Japão, China e Coreia), enquanto a África. A América do Norte, o Sul da Ásia, a Austrália e a Nova Zelândia foram consideradas zonas de baixo risco [97] . . De acordo com o relatório do World Journal of Gastroenterology, 80% dos cancros gástricos são cancros gástricos esporádicos (SGC) e são diagnosticados principalmente em idosos devido a factores ambientais [98] . . 10% dos cancros gástricos são cancros gástricos de início precoce causados por vários factores genéticos, relatados em indivíduos com menos de 45 anos. 7% dos cancros gástricos são cancros do coto gástrico surgem durante a gastrectomia, e 3% dos CG são cancros gástricos difusos hereditários devido ao gene CDH1 autossómico dominante [99, 100] .

Os novos fármacos anticancerígenos para o cancro gástrico continuam a ser prejudicados pelos seus efeitos secundários reduzidos. Este tipo de tratamento resulta geralmente em reincidência e resistência. A abordagem quimioterapêutica do cancro gástrico é concebida para a fase neoadjuvante, adjuvante e metastática. Até à data, a cirurgia, em combinação com a quimioterapia, parece ser vantajosa para uma recuperação rápida. Infelizmente, essa combinação de tratamento pode resultar em resultados clínicos graves. Por conseguinte, é um desafio para os investigadores descobrir agentes anticancerígenos com maior eficácia e efeitos secundários mínimos Por conseguinte, é um desafio para os investigadores descobrir agentes anticancerígenos com maior eficácia e efeitos secundários mínimos [97, 101, 102] . .

Os medicamentos anticancerígenos adquiridos a partir de fontes naturais são também conhecidos como uma melhor escolha devido ao seu baixo custo, efeitos secundários mínimos e viabilidade de produção. Estudos recentes mostraram que *o Lentinula edodes tem efeitos* potenciais e significativos na apoptose celular e que a sua fonte bem intencionada diminui a actividade antimicrobiana. Estudos recentes mostraram que a Lentinula edodes tem efeitos potenciais e significativos na apoptose celular e que a sua fonte bem intencionada diminui as reacções antagonistas da quimioterapia. Os resultados dos estudos de Lentinula *edodes* (LP-1, LP-13) foram substanciais em vários tipos de cancro, aumentando a apoptose [56, 74] . . O LP-1 também é relatado como um inibidor da migração e invasão de células GC, interrompendo o crescimento celular na fase S através da via de sinalização da fosfatidilinositol-3-quinase (PI3K)/. via de sinalização Akt [103] .

Contrariamente, a Latcripina-7A (LP-7A) ainda não foi registada pela sua natureza anti-proliferativa em CG. O sistema de expressão da Latcripin-7A para a expressão e clonagem da LP-7A após uma técnica de purificação adequada [104]. . Foi do nosso interesse descobrir o papel potencial da L-7A no cancro gástrico como agente anti-cancerígeno. Este estudo descobriu que a LP-7A desempenha um papel significativo na paragem do ciclo celular, promove a apoptose e a morte. Este estudo descobriu que a LP-7A desempenha um papel significativo na paragem do ciclo celular, promove a apoptose e a autofagia através da inibição da via PI3K/Akt em células GC (SGC-7901 e BGC-823). Estes resultados revelam a actividade anticancerígena significativa do LP-7A em CG.

3.2 Metodologia

3.2.1 Bioinformática

A sequência de nucleótidos LP-7A (número de acesso NCBI: MT334074) foi traduzida numa sequência peptídica utilizando a ferramenta de tradução ExPASy. Esta sequência foi depois utilizada para gerar uma estrutura tridimensional utilizando o servidor Phyre2 em modo intensivo [105] . A estrutura gerada foi posteriormente refinada através da ferramenta de minimização da energia do campo de forças YASARA [106] . [106] . . A validação da estrutura e a avaliação do gráfico de Ramachandran foram efectuadas pelo MolProbity [107] . .

A ferramenta em linha STRING foi utilizada para identificar a rede de interacção proteína-proteína (PPI) das proteínas detectadas. Os nós obtidos foram posteriormente avaliados quanto ao enriquecimento de processos baseados na Ontologia Genética (GO) e no KEGG.

3.2.2 Reagentes

A linha de células cancerosas SGC-7901 foi trazida do banco de células de Xangai, Academia Chinesa de Ciências (Xangai, China), a linha de células BGC-823 foi um presente generoso do Laboratório do Professor Bo song (departamento de patologia e medicina legal da Universidade de Medicina de Dalian). RPMI-1640 (HyClone Laboratories; Logan, UT, EUA). O agente antimicrobiano (100 unidades/ml de penicilina. 100 µg/ml de estreptomicina) foi adquirido à Tianjin Haoyang Biological Products Technology Co. O agente antimicrobiano (100 unidades/ml de penicilina, 100 µg/ml de estreptomicina) foi adquirido à Thermo Fisher Scientific, Inc. O kit de contagem de células-8 (CCK-8) foi adquirido à KeyGen Biotech (Nanjing, China). O corante laranja de acridina foi adquirido à Solarbio Science & Technology China. O tampão RIPA foi adquirido à protein tech (Wuhan, China). A tripsina (sem EDTA) foi adquirida à Thermo Fisher Scientific, Inc., Waltham, MA, EUA. Os anticorpos secundários (anti-coelho, anti-camundongo) e a GAPDH foram obtidos a partir da tecnologia de sinalização (Beverly, MA, EUA), enquanto que Atg5, Atg7, Atg12, Akt, Beclin 1, mTOR, P62 e GAPDH foram obtidos a partir da tecnologia de sinalização (Beverly, MA, EUA). Atg7, Atg12, Akt, Beclin 1, mTOR, P62, anticorpo secundário (anti-coelho, anti-ratos) e GAPDH foram adquiridos à protein tech (Wuhan, China). As membranas de polifluoreto de vinilideno (PVDF) foram adquiridas à Millipore, Billerica, MA, EUA.

3.2.3 Cultura de células

As células SGC-7901 e BGC-823 foram cultivadas em meio RPMI-1640 com 10% de FBS e 1% de agentes antimicrobianos. As células cultivadas foram mantidas na incubadora com 5% de CO , 37°C e 95% de humidade. $_2$O tratamento em causa com LP-7 foi aplicado quando a confluência atingiu 70-75%.

3.2.4 Ensaio de viabilidade celular

Para verificar a viabilidade e a citotoxicidade, o ensaio CCK-8 foi efectuado de acordo com as instruções do fabricante. As células (SGC-7901 e BGC-823) foram tripsinizadas e aproximadamente $5x10^3$ células/ml foram semeadas em placas de 96 poços. As placas foram então incubadas a 37°C na presença de 5% de CO_2 . Foram então aplicadas diferentes concentrações de tratamento com LP-7A e as células foram incubadas durante 72 horas. As leituras foram efectuadas em vários períodos de tempo, dependendo da concentração em causa. A solução de CCK-8 (10 µl) foi então adicionada ao poço do grupo tratado e do grupo de controlo e incubada durante 1-4 h. A densidade óptica (DO) foi medida a A densidade óptica (DO) foi medida a 450 nm através de um leitor de microplacas (Bio-Rad, Hercules, CA, EUA).

3.2.5 Ensaio de morfologia

Para o ensaio de morfologia, utilizámos $2x10^5$ células/ml As células GC foram semeadas numa placa de 12 poços. Foram aplicadas condições de cultura padrão e as células foram incubadas Depois de atingir uma confluência de células de 70-75%, as células foram tratadas com LP-7A com as concentrações mencionadas (0, 75, 100 e 125 µg/mL) e incubadas durante 48 horas em condições normais (37°C, com 5% de CO_2). A morfologia celular foi observada ao microscópio de contraste de fase e fotografada.

3.2.6 Formação de colónias

As células tratadas com várias concentrações de LP-7A (0, 75, 100 e 125 µg/mL) foram semeadas em placas de 6 poços. Foram semeadas $1x10^3$ células por poço, seguidas de incubação em condições de cultura padrão durante 15 dias. As células foram então lavadas com PBS e fixadas com solução de paraformaldeído a 4% (PFA) durante 30 minutos. As células fixas tratadas com PFA foram então coradas com giemsa durante 5-10 minutos. Microscópio.

3.2.7 Análise do ciclo celular

As células do GC tratadas foram submetidas a uma análise do ciclo celular por citometria de fluxo. As células do GC tratadas incubadas durante 48 horas foram depois lavadas com PBS e destacadas através de tripsina sem EDTA. As células de GC tratadas incubadas durante 48 horas foram depois lavadas com PBS e destacadas através de tripsina sem EDTA. Depois disso, as células foram novamente centrifugadas a 1500 rpm durante 4 minutos e lavadas com PBS. Em seguida, aplicou-se o tratamento com RNase (5 µg/mL) a estas células durante 2 horas a 37°C. Adicionou-se posteriormente iodeto de propídio (50 µg/mL) para coloração e incubou-se durante 30 minutos a 37°C. Todos os procedimentos foram efectuados no escuro A paragem do ciclo celular foi então medida com um citómetro BD FACS-Calibur (BD Biosciences) para quantificar as células paradas em diferentes fases dos ciclos celulares.

3.2.8 Coloração com laranja de acridina

As células GC tratadas foram lavadas duas vezes com PBS antes da coloração. As células foram então separadas com o tratamento de tripsina e centrifugadas a 1000 rpm durante 5 minutos. A coloração com laranja de acridina foi aplicada de acordo com as instruções do fabricante: em resumo, as células foram suspensas em coloração com laranja de acridina diluída em PBS (1:1000) à temperatura ambiente durante cerca de 20 minutos. As células GC coradas foram então centrifugadas e lavadas com PBS. As células foram então transferidas para uma lâmina para serem fotografadas através de um microscópio de fluorescência. As células foram então transferidas para uma lâmina para serem fotografadas através de um microscópio de fluorescência (BX51; Olympus, Tóquio, Japão).

3.2.9 Ensaio de cicatrização de feridas

Para o ensaio de cicatrização de feridas, as células GC (SGC-7901 & BGC-823) foram mantidas e cultivadas em placas de 12 poços. Foi feita uma ponta de pipeta (200 µL). Algumas células foram destacadas com o arranhão e foram removidas por uma lavagem suave com PBS. O tratamento indicado de LP-7A (0, 75 e 100, 125 µg/mL) foi então Após 0, 24 e 48 horas de incubação, foram tiradas imagens com um microscópio de contraste de fase e foi calculada a largura relativa do risco As imagens foram então tiradas com um microscópio de contraste de fase e a largura relativa do risco foi calculada através da ferramenta ImageJ para análise estatística.

3.2.10 Ensaio de migração e invasão

Para o ensaio de invasão, as inserções foram pré-revestidas com matriz de Matrigel, enquanto para a análise da migração celular o mesmo procedimento foi efectuado sem uma matriz de gel pré-revestida. O Matrigel, diluído em DMEM, foi deixado coagular a 37°C durante 3 a 4 horas em inserções de poços trans com poros de 8 μm (Corning Costar. Cambridge, MA, EUA). Diferentes concentrações de LP-7A (0, 75, 100 e 125 μg/mL) contendo células (1×10^5) foram semeadas com meio RPMI-1640 isento de soro (200 μL) na câmara superior do poço trans. Foram adicionados 700 μL de meio RPMI-1640 contendo 10% de soro na câmara principal. A câmara de transpoços foi destacada após incubação durante 24 horas (37°C, 5% CO_2, atmosfera humidificada). As células na parte inferior exterior foram fixadas com PFA e coradas com o corante violeta de cristal. As células coradas foram depois fotografadas num microscópio (Leica Microsystems, Wetzlar, Alemanha). As células foram contadas em 3 a 5 campos aleatórios para calcular e avaliar a significância estatística.

3.2.11 Coloração de Hoechst

As células GC pré-tratadas com as concentrações mencionadas de LP-7A durante 48 horas foram cultivadas e mantidas numa placa de 12 poços. As células foram então lavadas com PBS 2 a 3 vezes e fixadas com PFA a 4%. Uma solução de trabalho da coloração Hoechst 33258 (Hoechst 33258 Detection Kit. Foi aplicada uma solução de trabalho da coloração de Hoechst 33258 (Hoechst 33258 Detection Kit, KeyGen, Nanjing, China) durante 10 minutos no escuro. A coloração foi removida e as imagens foram depois obtidas através de um microscópio fluorescente (BX51. Olympus, Tóquio, Japão).

3.2.12 Análise da apoptose por citometria de fluxo

As células GC tratadas (SGC-7901 & BGC-823) foram incubadas durante 48 h. As células foram então tripsinizadas com tripsina sem EDTA, lavadas e centrifugadas (2000 rpm durante 5 min a 4°C). durante 5 minutos a 4°C). As células foram depois coradas com Anexina V-FITC e PI. As células processadas foram depois incubadas a 37 °C durante 15 min. (BD Biosciences, Heidelberg, Alemanha).

3.2.13 Potencial de membrana mitocondrial

As células GC tratadas com LP-7A foram cultivadas e mantidas durante 48 h numa placa de 6 poços. Após a lavagem, o meio foi substituído por DMEM fresco contendo solução de JC-1 (1:1000). As células foram então fotografadas com um microscópio fluorescente.

3.2.14 Western blot

As células GC tratadas (SGC-7901 e BGC-823) e os grupos de controlo, incubados durante 48 horas, foram cuidadosamente lavados com PBS gelado. A concentração de proteínas foi medida através do kit BCA. Foram adicionados 30-40 µg de proteínas num poço preparado de gel SDS-PAGE (10-12%). As proteínas carregadas foram então separadas por electroforese e depois transferidas para membranas de fluoreto de polivinilideno (PVDF). O bloqueio da membrana de PVDF foi efectuado por incubação em leite sem gordura a 5% em 1xTBST durante 1-3 horas à temperatura ambiente. As membranas com anticorpos primários ligados foram então lavadas novamente com 1x TBST e, em seguida As membranas com os anticorpos primários ligados foram depois lavadas novamente com 1x TBST e, em seguida, foi aplicado o anticorpo secundário durante 1-2 horas à temperatura ambiente. A lavagem foi efectuada novamente e as manchas foram detectadas com um sistema de imagem de gel quimioluminescente (ChemiDcoTM). As manchas foram detectadas com um sistema de imagem de gel quimioluminescente (ChemiDcoTM XRS Imager Bio-Rad) através da aplicação de ECL (Enhanced Chemiluminescence).

3.2.15 Análise estatística

Os dados apresentados neste estudo foram avaliados estatisticamente utilizando o GraphPad Prism 8.0. análise de variância (ANOVA) seguida do teste de comparação múltipla de Tukey foi aplicada para verificar a diferença significativa.

3.3 Resultados

3.3.1 Avaliação estrutural da LP-7A

O servidor Phyre2 efectua a modelação de homologia utilizando o método de Markov e gera um modelo em alinhamento com estruturas de proteínas já publicadas. -A estrutura tridimensional da LP-7A foi desenvolvida através da submissão da sequência adquirida pelo ExPASy em modo intenso. O Phyre2 utilizou a serina/treonina-proteína cinase tel1 como modelo com o máximo de confiança, identidade de sequência e cobertura de alinhamento. 76% dos resíduos foram modelados com mais de 90% de confiança e a estrutura gerada foi refinada utilizando o método de Markov. A estrutura gerada foi ainda mais refinada utilizando o método *ab initio* (**Figura 1A**). A estrutura gerada foi ainda mais refinada usando a ferramenta de minimização de energia do campo de força YASARA e o MolProbity foi usado para validação da estrutura. A avaliação do gráfico de Ramachandran mostra 96,9% dos resíduos em regiões permitidas (>99,8%) e 92,6% em regiões favorecidas (98%) (**Figura 1B**).

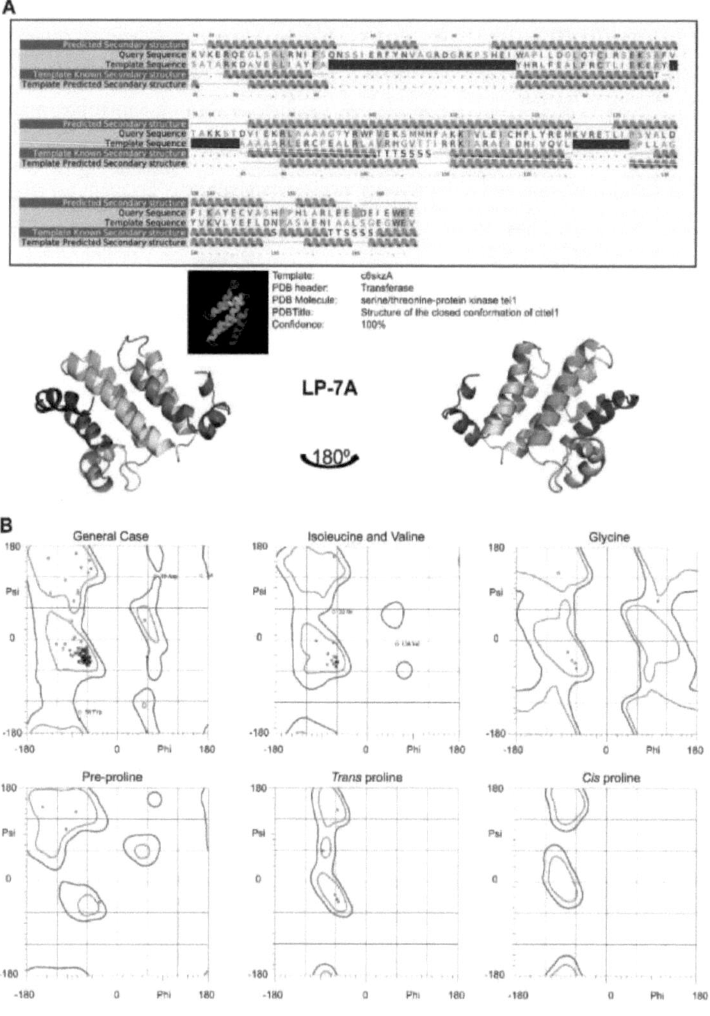

3.3.2 LP-7A Inibe a proliferação e a viabilidade celular nas células cancerígenas SGC-7901 e BGC-823

Para avaliar os efeitos anti-proliferativos das células de cancro gástrico LP-7A, realizámos o ensaio CCK-8. Foram utilizados 100, 125 µg/mL) para estimar o crescimento em vários períodos de tempo (24, 48 e 72 horas). Os resultados indicaram uma diminuição gradual da proliferação das células de cancro gástrico (SGC-7901 e BGC-823) em resposta ao aumento da dose do tratamento com LP-7A (**Figura 2A e 2B**). Além disso, o IC50 do LP-7A para células de cancro gástrico também foi estimado, sendo 97,31 µg/mL para SGC-7901 e 93,44 µg/mL para BGC-823 (Suplemento Foram ainda detectadas alterações morfológicas em SGC-7901 e BGC-823 (Dados suplementares). Foram ainda detectadas alterações morfológicas em células GC tratadas com LP-7A (0, 75, 100, 125 µg/mL). Os resultados foram analisados após 48 horas de tratamento e examinados através de microscopia de contraste de fase (BX51; Olympus, Tóquio, Japão). Os resultados mostraram alterações significativas na morfologia das células GC (SGC-7901 e BGC-823). As alterações morfológicas foram maioritariamente consideradas como alterações no tamanho e na hemorragia celular, indicando os efeitos anti-proliferativos induzidos pelo LP-7A (**Figura 2C**). Os resultados da morfologia das colónias de seguimento também foram semelhantes aos das experiências anteriores. O número de colónias formadas pelas células GC em resposta ao LP-7A diminui com o aumento da concentração (Figura **2D**). Estes resultados sugerem o potencial anti-proliferativo do LP-7A contra as células SGC-7901 e BGC-823 de GC.

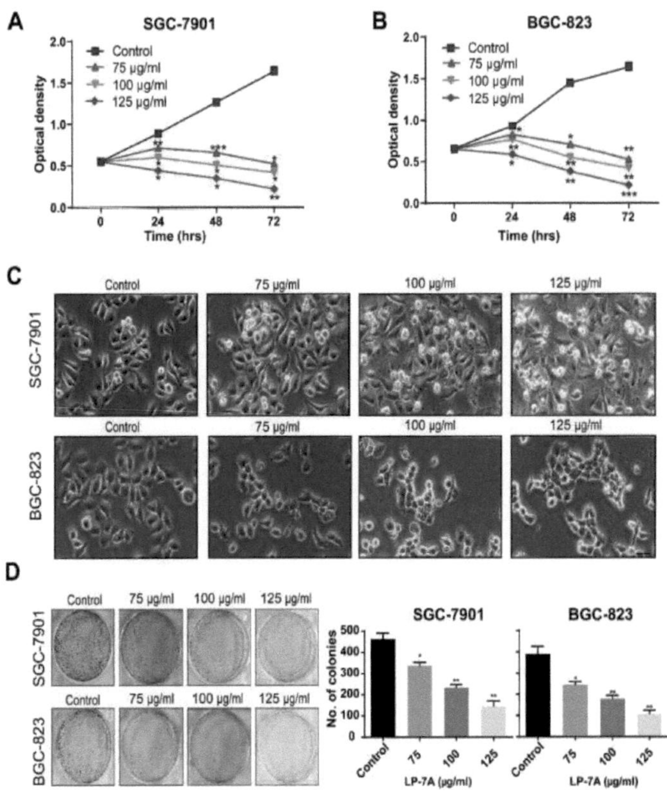

Figura 2: O LP-7A inibe o crescimento de células de GC: Efeito citotóxico do LP-7A (0, 75, 100 e 125 µg/mL) em células de GC (SGC-7901 e BGC-823) avaliado através de CCK-8 Alterações morfológicas do LP-7A (0, 75, 100 e 125 µg/mL) em células de CG (SGC-7901 e BGC-823) avaliadas através de CCK-8. Alterações morfológicas nas células SGC-7901 e BGC-823 tratadas com LP-7A detectadas através de microscópio de contraste de fase (**C**). Análise da formação de colónias por SGC-7901 e BGC-823 tratadas com LP-7A (0, 75, 100, 125 µg/mL) (**D**).

3.3.3 O LP-7A inibe a migração e a invasão das células do cancro gástrico

As células GC tratadas com LP-7A (SGC-7901 e BGC-823) foram avaliadas quanto à sua capacidade de migração. Os resultados dos ensaios de cicatrização de feridas (Scratch) indicaram que LP-7A diminuiu a taxa de migração em comparação com o controlo após 48 horas de incubação (**Figura 3A**). Além disso, também foram efectuados ensaios de invasão e migração transpoços para estudar melhor a migração e a invasão das células GC tratadas com LP-7A. Após a incubação das células SGC-7901 e BGC-823 com a concentração indicada de LP-7A (0, 75, 100, 125 µg/mL) durante um período de tempo adequado, as células Menos células (SGC-7901 e BGC-823) na concentração de LP-7A Menos células (SGC-7901 e BGC-823) no grupo tratado com LP-7A atravessaram a câmara de poços trans do que no grupo de controlo (**Figura 3B, 3C**). Além disso, os resultados das experiências de western blot mostram que o tratamento com LP-7A reduziu significativamente a expressão de MMP-2 e MMP-9 em relação ao grupo de controlo. Os resultados das experiências de western blot mostram que o tratamento com LP-7A reduziu significativamente a expressão de MMP-2 e MMP-9 em relação ao grupo de controlo (Figura **3D**). Estes resultados sugerem que o LP-7A inibe os efeitos sobre o crescimento e a migração das células do cancro gástrico.

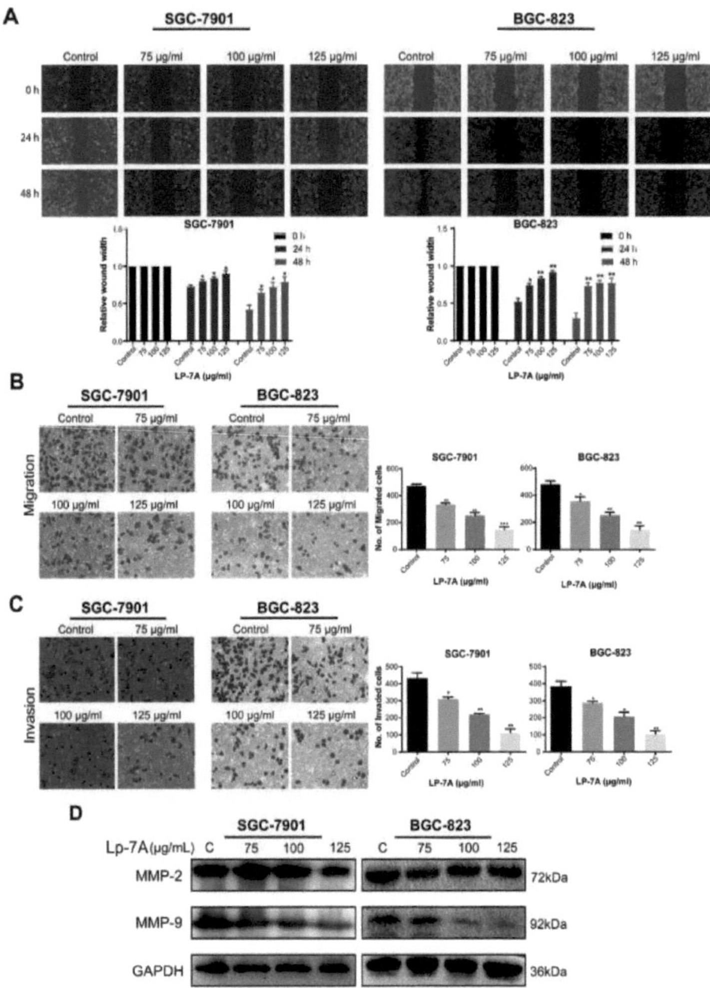

Figura 3: A LP-7A regula negativamente a expressão de MMPs e inibe a migração e a invasão em células de GC: Migração de SGC-7901 e BGC-823 tratadas com a concentração indicada de L-7A através da cicatrização de feridas (**A**). Migração de SGC-7901 e BGC-823 tratadas com a concentração indicada de L-7A através da cicatrização de feridas (**A**). Análise baseada em Transwell (sem Matrigel) de células de cancro gástrico migradas tratadas com LP-7A (0, 75, 100, 125 µg/mL) (**B**). Análise da invasão (com Matrigel) de células cancerígenas SGC-7901 e BGC-823 tratadas com LP-7A na câmara transwell (**C**). Detecção de MMP-2 e MMP-9 em células de cancro gástrico tratadas com LP-7A (SGC-7901 e BGC-823) através de western blot (**D**).

3.3.4 O LP-7A detém o ciclo celular das células GC na fase G1

Para analisar a distribuição das fases do ciclo celular nas células SGC-7901 e BGC-823 face ao tratamento com LP-7A, realizámos citometria de fluxo. Este aumento estava também relacionado com a diminuição da população da fase S das células cancerígenas SGC-7901 e BGC-823. Por outro lado, não foram observadas alterações significativas na fase G2/M das células SGC-7901 e BGC-823. As células SGC-7901 foram 46,8%, 59,3%, 65,3%, 72,1% com o tratamento com LP-7A de 0, 75, 100 e 125 µg/mL, respectivamente, enquanto as células BGC-823 com paragem na fase G1 foram 50,4%, 55,4%, 65,1%, 68,1% % com o tratamento com LP-7A de 0, 75, 100 e 125 µg/mL, respectivamente (**Figura 4A & 4B**). Outros resultados do western blot mostram uma regulação negativa da CDK-6, da ciclina D, da ciclina E1 e uma regulação positiva da expressão da proteína p21 no GC tratado com LP-7A Estes resultados indicam que a paragem da fase G1 nas células de GC tratadas com LP-7A é facilitada pela expressão de p21. A regulação positiva de p21 participou na inibição da expressão de ciclinas e cicloproteínas nas células de GC tratadas com LP-7A. A expressão de p21 participou na inibição das ciclinas e das cinases dependentes de ciclinas para conduzir à paragem do ciclo celular na fase G1 (**Figura 4C**).

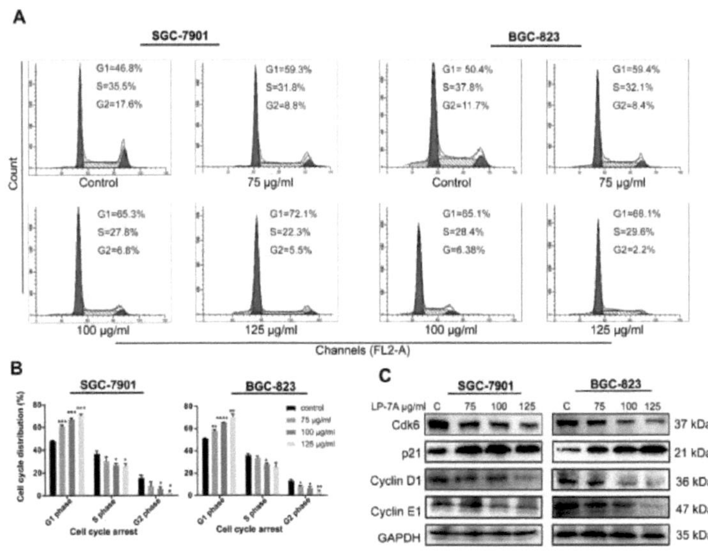

Figura 4: Paragem do ciclo celular na fase G1 pelo LP-7A em células SGC-7901 e BGC-823:
Análise do ciclo celular, por citometria de fluxo, de células SGC-7901 (**A**) e BGC-823 (D) tratadas
com LP-7A. Análise de Western blot da expressão de Cdk6, p21, Ciclina D1, Ciclina E1 em células
SGC-7901 (**C**) e BGC-823 (**F**) tratadas com as concentrações indicadas. As células foram tratadas
com as concentrações indicadas de LP-7A.

3.3.5 O LP-7A induz a apoptose nas células do CG

Para o exame da apoptose, começámos por realizar o ensaio Hoechst 33258. Após
o tratamento com LP-7A, foram observadas as alterações adaptadas no núcleo. Estas
alterações referem-se à contracção das células, à cromatina nuclear e à formação de
corpos apoptóticos em resposta ao tratamento com LP-7A em SGC-7901 e BGC-823
Estas alterações referem-se à contracção das células, à cromatina nuclear e à formação de
corpos apoptóticos em resposta ao tratamento com LP-7A nas células cancerígenas SGC-
7901 e BGC-823 (**Figura 5A**). Foi efectuada uma confirmação adicional através da
anexina V/iodeto de propídio (AV/PI) executada por citometria de fluxo. É indicado que
a taxa de apoptose aumenta significativamente nas células GC com o aumento da
concentração de LP-7A em comparação com o controlo (**Figura 5B**). Além disso, a
expressão de proteínas relacionadas com a apoptose, como a caspase-3 (clivada), a
caspase-9 (clivada), a PARP (clivada), a BAX e o citocromo C aumenta
significativamente nas células GC tratadas com LP-7A, enquanto a expressão da proteína
anti-apoptótica BCL2 diminui com o tratamento (**Figura 5C**). Uma vez que a diminuição
da BCL2 está relacionada com a disfunção mitocondrial, analisámos ainda o potencial da
membrana mitocondrial das células do GC contra o LP-7A Os resultados indicam uma
diminuição do potencial de membrana mitocondrial com o aumento das concentrações de
LP-7A (Figura **5D**). Estes resultados manifestam que o LP-7A também induz stress
mitocondrial que pode promover a apoptose nas células do CG.

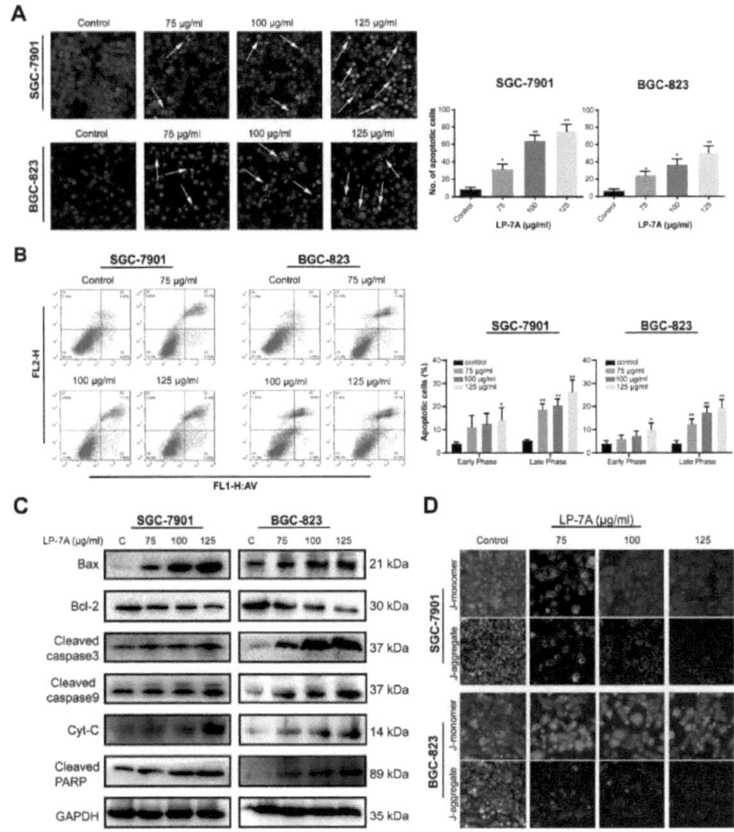

Figura 5: O LP-7A induz apoptose nas células cancerígenas SGC-7901 e BGC-823: Ensaio Hoechst 33258 para avaliar células apoptóticas através de alterações morfológicas nucleares alterações morfológicas nucleares em células de cancro (SGC-7901 e BGC-823) tratadas com LP-7A (0, 75, 100, 125 µg/mL) (**A**). Avaliação da apoptose por citometria de fluxo em células SGC-7901 e BGC-823 tratadas com LP-7A. O quadrante 2 (Q2) indica apoptose de fase tardia; o Q3 indica apoptose precoce O quadrante 2 (Q2) indica a fase tardia da apoptose; o Q3 indica a fase inicial da apoptose, enquanto o Q4 destaca as células viáveis (**B**). Avaliação de marcadores apoptóticos (Bax, Bcl-2, caspase 3 clivada, caspase 9 clivada, citocromo C, PARP clivada) em células SGC-7901 e BGC-823 tratadas com LP- 7A (0, 75, 100, 125 µg/mL) (**C**). O potencial de membrana mitocondrial das células SGC-7901 e BGC-823 tratadas com LP-7A através do kit JC-1, as imagens foram obtidas utilizando um filtro de 590 nm para o agregado J e 529 nm para o monómero J (**D**).

3.3.6 O LP-7A induz a autofagia ao impedir a activação da via PI3K/Akt/mTOR nas células GC

A coloração com laranja de acridina foi efectuada para avaliar os vacúolos de autofagia em células de GC (SGC-7901 e BGC-823) tratadas com LP-7A. O corante laranja de acridina penetra na célula através de uma membrana que produz luz verde nas células normais e luz laranja nas células com vacúolos de autofagia. As células do GC tratadas com LP-7A apresentaram uma fluorescência laranja no interior das células em comparação com o grupo não tratado (**Figura 6A**). As células de GC tratadas com LP-7A apresentaram um aumento dos vacúolos de autofagia com o aumento da concentração. Além disso, os resultados do western blot também mostraram Além disso, os resultados do western blot também mostraram um aumento da expressão de LC3I e LC3II com o aumento da dose de LP-7A nas células do GC. Considerando que a expressão de Beclin-1, uma proteína supressora de tumores, também conhecida como um iniciador de vacúolos de autofagia, também aumentou na dose indicada de LP-7A. Outras proteínas relacionadas com a autofagia, como as proteínas semelhantes à ubiquitina, incluindo Atg7 com Atg12 e Atg5, também aumentaram a sua expressão após o tratamento com LP-7A. aumento da activação da autofagia através do LP-7A [108] (**Figura 6B**).

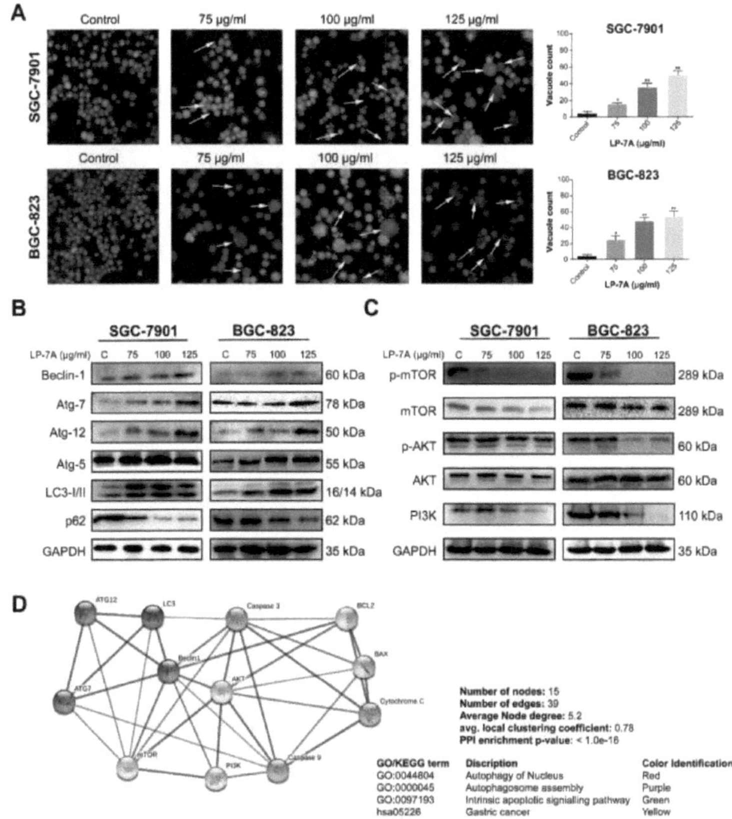

Figura 6: O LP-7A promove a autofagia em células de GC tratadas: Detecção de vacúolos de autofagia em células de GC tratadas com LP-7A (SGC-7901 e BGC-823) através da coloração com laranja de acridina (A). laranja (**A**). Análise de marcadores de autofagia (Beclin-1, Atg-7, Atg-12, LC3-I/II, p62) por western blot em células de GC tratadas com LP-7A (0, 75, 100, 125 µg/mL) (**B**). Análise da via através de western blot para detecção de p-mTOR, mTOR, p-Akt, Akt e PI3K em células SGC-7901 e BGC-823 tratadas com LP-7A (**C**). Análise do enriquecimento da via STRING de proteínas previamente detectadas para mapeamento da via e avaliação do processo biológico baseado em KEGG (**D**).

Investigámos ainda os efeitos do LP-7A na via de sinalização PI3K/Akt/mTOR. A activação de Akt, PI3K e mTOR diminuiu com o tratamento com LP-7A nas células do GC (**Figura 6C**). Estes resultados indicam que a indução de autofagia nas células do

CG é iniciada através da inibição da via PI3K/Akt/mTOR. Foi construído um mapa de vias para avaliar os processos biológicos baseados em GO e KEGG. 15 nós A análise GO mostra que as proteínas detectadas são enriquecidas para vários processos biológicos, incluindo a autofagia. A análise GO mostra que as proteínas detectadas são enriquecidas em vários processos biológicos, incluindo a autofagia e a apoptose (**Figura 6D**). Os nossos resultados propõem que a desregulação de PI3K/Akt/mTOR em células GC por LP-7A aumenta a autofagia [109]. .

3.4 Discussões

Sendo um dos tipos mais comuns de todos os cancros, o cancro gástrico tem uma elevada taxa de mortalidade global na China. Na maioria dos casos, o cancro gástrico torna-se sintomático em fases avançadas estádios avançados Na maioria dos casos, o cancro gástrico torna-se sintomático em fases avançadas [110] . . A gestão e o tratamento deste tipo de doenças constituem sempre um desafio para o clínico. agentes contra o cancro com elevada eficácia [74] . . Lentinula edodes é um cogumelo comestível, que atrai a investigação para o tratamento de doenças humanas Lentinula edodes é um cogumelo comestível, que atrai a investigação para o tratamento de doenças humanas [111, 112] . . É conhecida a sua actividade antitumoral em diferentes tipos de cancro [113, 114] . .

Investigações sobre os efeitos anti-cancerígenos da LP-1 em diferentes células cancerígenas, incluindo cancro gástrico, cancro do fígado e cancro da mama, revelaram resultados promissores resultados prometedores [103, 115] . . Neste estudo, estudámos o papel potencial da LP-7A na supressão da proliferação, na indução da apoptose e na autofagia. O modelo de homologia mostrou que a serina/treonina-proteína cinase tel1 é o modelo homólogo com um elevado índice de semelhança. O homólogo humano da serina/treonina-proteína cinase tel1 é considerado o gene da ataxia-telangiectasia (ATM) [116, 117]. . As mutações no gene ATM podem desenvolver várias condições anormais, incluindo cancro [118] . . O gene ATM desempenha uma função importante na regulação do ciclo celular e na reparação de danos no ADN [119] . . O tratamento com LP-7A aumenta a distribuição das células do CG na fase G1, inibindo assim a proliferação e a viabilidade das células do cancro gástrico. Os relatórios sobre agentes anticancerígenos e indutores de autofagia, como o mimético de BH3 ABT 737, o lítio, a rapamicina e a tunicamicina, mostraram heterogeneidade na paragem do ciclo celular das fases G1 e S do ciclo celular [120, 121]. . Propõe-se que a actividade anticancerígena do LP-7A nas células do CG esteja relacionada com a paragem do ciclo celular, introduzindo um stress celular que leva à inibição do crescimento e à morte celular. inibição do crescimento e morte celular.

A apoptose é descrita pelas alterações morfológicas das células cancerígenas, tais como a formação de bolhas na membrana, a condensação da cromatina e a fragmentação nuclear É também conhecida como morte celular programada do tipo I e é regulada por vários tipos de proteínas. Os defeitos nesta série de proteínas podem contribuir para muitas anomalias humanas, incluindo doenças neurodegenerativas e malignidade [122] . . As proteínas antiapoptóticas, como a família BCL2, podem regular a apoptose e evidenciar a existência de mitocôndrias activas. A inibição de BCL2 e a promoção de proteínas pró-apoptóticas, como BAX, caspase3 e citocromo C, indicam que o evento apoptótico é iniciado através de disfunção mitocondrial. mitocondrial. [123-125] . Os nossos resultados confirmaram que o LP-7A diminui o potencial da membrana mitocondrial nas células do cancro gástrico. Estes resultados foram ainda avaliados através da análise de BAX, PARP, Caspase3 e citocromo C, cuja expressão aumentou com o tratamento com LP-7A, juntamente com uma redução da expressão de BCL2 expressão.

A autofagia é um mecanismo de regulação natural da morte celular do tipo II. Estas vesículas fundem-se com os lisossomas, dando origem a um processo único de gestão de resíduos para uma correcta eliminação e degradação adequadas [126, 127] . . O efeito do LP-7A na produção destes autofagossomas em células de cancro gástrico foi significativamente aumentado com doses elevadas. O complexo proteico LP-7A, que está associado a processos de tráfico de membrana, incluindo a autofagia, para endocitose [128, 129]. . Atg7, Atg12 e Atg5 desempenham um papel no alongamento da membrana dos autofagossomas para acumular eficientemente proteínas defeituosas e outras partes citoplasmáticas [130-132] . . Os relatórios sugerem que os sistemas de conjugação Atg12 e Atg5 influenciam directamente a homeostase mitocondrial, o que, em última análise, estimula a autofagia respostas autofágicas que conduzem à morte celular [133] . . Em comparação, o LC3I/II é considerado um marcador fiável para estudar a indução da autofagia. forma insolúvel (LC3II) [134] . . Além disso, a Beclin-1 é também crucial na autofagia e na morte celular [131] . . Faz um complexo com Vps34 (um subgrupo da família de enzimas da fosfatidilinositol-3-quinase de classe III) e Atg14, que desempenha um papel essencial na formação de autofagossoma [129, 135] . . Foram detectados aumentos nos autofagossomas nas células GC tratadas com LP-7A. Maior expressão de Atg7, Atg12 e Atg5, LC3I/II e Beclin-1 nas células GC tratadas com LP-7A A indução de eventos autofágicos foi ainda confirmada em células de GC tratadas com LP-7A.

O papel da Akt na metástase e na sobrevivência celular em diferentes tipos de cancros já foi documentado em muitos estudos [136, 137] . . Foi demonstrado que a regulação negativa da activação da Akt inibe o NF-κB e induz a apoptose no cancro do pulmão [138] . . Os relatórios também sugerem que a inibição da activação da Akt também influencia a migração e a invasão das células cancerosas [139] . . Do mesmo modo, as metaloproteinases da matriz (MMPs) são as endopeptidases que efectuam a degradação da matriz extracelular (ECM), a angiogénese. migração, invasão, transformação de tecidos [140] . O LP-7A reduz significativamente a expressão de MMP-2 e MMP-9 e promove a inibição da migração e da invasão nas células do CG. Juntamente com os relatórios anteriores, pode sugerir-se que as MMPs são alvos cruciais abordados pelas latcripinas nas células do CG. nas células do CG.

A sinalização PI3K/Akt e mTOR é essencial para muitos aspectos da proliferação celular, sobrevivência, ciclo celular, metástases, apoptose e autofagia [141, 142] . A análise STRING mostra que a expressão de mTOR/Akt/PI3K é a principal via de sinalização celular. Estudos demonstraram que a activação excessiva da PI3K pode resultar na estimulação do crescimento das células cancerosas [143-145]. . A maior actividade da via pode suprimir a actividade das proteínas supressoras de tumores. A inibição de mTOR/Akt/PI3K pode aumentar a actividade mitocondrial e a actividade de PI3K. Os efeitos inibidores do crescimento do LP-7 em células de CG (SGC-7901 e BGC-823) parecem favorecer a inibição da via PI3K/Akt/mTOR. O LP-7A é um novo agente antitumoral da *Lentinula edodes* C_{91-3} . Este estudo descreve em pormenor os efeitos anticancerígenos do LP-7A *in-vitro* contra as células GC (SGC-7901 e BGC-823). O LP-7A pode induzir a autofagia, a apoptose e a paragem do ciclo celular na fase G1 e inibir a proliferação em células de CG humanas (SGC-7901 e BGC-823) através da via PI3K/Akt/mTOR.

4.0 Revisão da literatura

4.1 Papel dos compostos naturais contra o cancro gástrico.

O cancro gástrico é um dos principais problemas de saúde; é a segunda causa mais comum de morte relacionada com o cancro em todo o mundo. Estima-se que, em 2019, tenham surgido mais de 1 000 novos casos e 11 140 mortes [1] . . A América do Sul e os países da Ásia Oriental estão em maior risco [146] . enquanto a América do Norte, a Nova Zelândia, a Austrália, a África do Norte e Oriental e o Sul da Ásia apresentam um risco menor de cancro gástrico [147] . . As razões subjacentes ao início do cancro gástrico são dietéticas [148] e factores não dietéticos, incluindo e factores não alimentares, incluindo a distribuição geográfica, a genética e a infecção por H. pylori [149] No entanto, durante as últimas décadas, foi identificada uma diminuição constante dos casos de cancro gástrico, tanto nos homens como nas mulheres, em todas as áreas geograficamente diversas [150] . Supõe-se que a ingestão de legumes/frutos frescos, a melhoria do processo de conservação dos mesmos e o progresso das condições de higiene são as razões subjacentes a este declínio. Para além deste declínio na taxa de cancro gástrico, ocorrem anualmente em todo o mundo um milhão de novos casos e 738.000 mortes devido ao cancro mencionado. mundo anualmente devido ao cancro mencionado [151] . Os factores de risco do cancro gástrico são o H. pylori, a gastrectomia parcial, o consumo de tabaco, a gastrite atrófica e a gastropatia hipertrófica hipoproteinémica [150] . [150] . . Os factores de risco do cancro gástrico estão relacionados com a posição anatómica dos tumores, como é o caso do cancro gástrico distal/não cardia geralmente iniciado em Enquanto o cancro gástrico proximal/cárdico tem geralmente início nos países asiáticos devido ao consumo de carne processada, à elevada ingestão de sal, ao álcool, ao menor consumo de vegetais/frutas e à infecção por H. pylori. o cancro gástrico proximal/cárdico é um dos mais comuns nos países não asiáticos devido à obesidade e ao refluxo ácido [152] . . No corpo do estômago, desenvolve-se o tipo difuso de cancro gástrico, em que as células cancerosas se difundem na parede do estômago, formando um pequeno aglomerado semelhante a um anel. É difícil diagnosticar o tipo difuso de cancro gástrico porque as lesões pré-neoplásicas não podem ser detectadas por endoscopia digestiva alta [153, 154] . . O cancro gástrico de tipo difuso está frequentemente ligado a tendências genéticas, originadas por mutações genéticas no único gene CDH1 que codifica a proteína O cancro gástrico de tipo difuso está frequentemente ligado a tendências genéticas, originadas por uma mutação genética no gene único CDH1, que codifica a proteína conhecida como E-caderina. O cancro gástrico de tipo difuso é mais comum em populações jovens [155, 156] . . Em vez de melhorias nos métodos de tratamento, o diagnóstico continua a ser um dos principais obstáculos. É geralmente diagnosticado em fases avançadas, quando já invadiu a camada muscular própria e se tornou incurável [157] . [157] . . A cirurgia é frequentemente sugerida como a melhor opção para tratar o cancro gástrico, mas a recorrência do carcinoma peritoneal é frequentemente observada em doentes com cancro gástrico avançado. Assim, a terapia adicional inclui geralmente quimioterapia adjuvante, radioterapia isolada ou com agentes naturais quimiopreventivos que podem depender do estádio do cancro. Depende do estádio do cancro [158] . .

4.2 Papel quimiopreventivo dos agentes naturais

O termo quimioprevenção significa a utilização de uma dieta ou de suplementos de fontes naturais que interferem com a progressão ou o processo de tumorigénese no interior da a célula [159] . Para o tratamento e a prevenção do cancro, vários grupos de investigação estão a estudar a aplicação de abordagens dietéticas para serem utilizadas como uma fonte alternativa do medicamento. A este respeito, in vitro/vivo, numerosos ensaios epidemiológicos e clínicos relataram o papel dos fitoquímicos na inibição e tratamento do cancro inibição e tratamento do cancro [160-162]. . Uma gama diversificada de compostos bioactivos dos fitoquímicos é classificada com base na sua estrutura química [163] . . Estes compostos bioactivos (tais como alcalóides, flavonóides, carotenóides, polifenóis) estão presentes em plantas, frutos, legumes e cereais que são reconhecidos pela sua pigmentação de cor e aroma específicos. Estes compostos bioactivos reduzem o risco de cancro ao regularem o crescimento e o ciclo celular. Estes compostos bioactivos reduzem o risco de cancro, regulando o crescimento celular, o ciclo celular, alterando a activação dos genes, induzindo a apoptose e modificando as vias de sinalização celular que são normalmente interrompidas e causam a iniciação, a progressão e a propagação do tumor , progressão e propagação do tumor [164] . De acordo com a lista de medicamentos aprovados pela Food and Drug Administration (FDA), 50% dos medicamentos anticancerígenos têm origem em fontes naturais [165] . [165] . e, a partir dessas fontes naturais, 60% dos fármacos estão em ensaios clínicos [166] . . Os compostos presentes nos agentes biológicos estão a suscitar grande interesse científico, uma vez que preenchem todos os requisitos necessários para controlar o cancro, como toxicidade selectiva (prejudicial para as células cancerosas mas segura para as células não cancerosas), administração oral e aceitável para os doentes [167].

4.3 Epigalocatequina-3-galato (EGCG):

A catequina é um componente activo do chá verde, também conhecido como epigalocatequina-3-galato (EGCG) [168]. Estes polifenóis participam na inibição da proliferação celular, da DNA metiltransferase, do metabolismo do ácido araquidónico e da diidrofolato redutase. Ajudam também na indução ou inibição de enzimas metabolizadoras de drogas [169]. [169].. Estudos in-vitro/Vivo atribuíram à EGCG do chá verde a inibição da paragem do ciclo celular G0/G1 nas células SGC-7901 e a proliferação celular através da indução de Também desempenha um papel na inibição do tumor do estômago (modelo de rato xenoenxertado) ao dificultar a via de sinalização canónica Wnt/b-catenina [170]. A EGCG inibe a secreção e a produção de IL-8 induzida pela interleucina-1β (IL-1β) através da inibição da via NF-κB nas células AGS [171].. Outro estudo atribuiu que 100 μM EGCG inibe a atividade de sobreviver (uma proteína anti-apoptótica eficaz) e leva à indução de apoptose numa série de linhas celulares de cancro gástrico humano [172]. EGCG em uma concentração de 20 μM mostra inibição significativa na progressão das células de adenocarcinoma gástrico AZ521, inibindo a β-catenina cascata de sinalização oncogénica [173].

4.4 Resveratrol.

Um composto de fitoalexina, o resveratrol (trans-3,5,4′-tri-hidroxi-trans-estilbeno), é obtido a partir das cascas de uvas vermelhas e está envolvido na supressão de muitas actividades cancerígenas no interior das células, incluindo a iniciação, elevação, progressão, metástases e angiogénese do tumor [174]. O resveratrol tem sido objecto de investigação intensiva nas últimas duas décadas para compreender as suas propriedades antioxidantes, anti-inflamatórias e anticancerígenas [175].. Foi relatado que o resveratrol está associado à indução da morte celular na linha celular de cancro gástrico SNU-1 através da inibição da proliferação celular e do ADN O resveratrol está associado à indução da morte celular na linha celular de cancro gástrico SNU-1, inibindo a proliferação celular e a síntese de ADN através da via de sinalização PKC (Proteína Quinase C) α e δ [176]. MEK1/2-ERK1/2-c-Jun (extracellular signal-regulated kinase1/2) é uma via de sinalização importante que está ligada ao crescimento e desenvolvimento celular de Verificou-se que o resveratrol inibe o transporte de c-Jun para a porção nuclear, reduzindo a fosforilação de MERK1/2 ou ERK1/2 /2 ou ERK1/2, o que, por sua vez, leva à diminuição da proliferação celular [177]. O resveratrol está envolvido nas vias de sinalização apoptótica intracelular, dependendo do tipo de célula, em diferentes células de cancro gástrico [178].. Também regula positivamente o nível das proteínas p53, p21, bem como Fas e Fas-L em células KATO-III (deficientes em p53), o resveratrol não mostrou qualquer efeito sobre o nível de expressão de Fas, mas aumentou o nível de expressão de Fas. nível de expressão de Fas, no entanto, regulou positivamente o nível de expressão de Fas-L [179]. Um estudo in vitro indicou que o resveratrol induz a apoptose por espécies reactivas de oxigénio (ROS), mas não depende da sirtuína1 nas células SGC-7901 [180].. O resveratrol induz a paragem do ciclo celular (fase G0/G1) e inibe a via PTEN/PI3K/Akt nas células BGC-803 [181].. O resveratrol induziu a paragem do ciclo celular (fase S) e a apoptose nas células SGC-7901 através da regulação negativa de Bcl-2 e da regulação positiva de Bax Está também envolvido na clivagem da caspase-3 e da caspase-8 através da activação da via de sinalização NF-κB (p65) [182]. Verificou-se que o resveratrol em combinação com dimetilsfingosina aumenta a citotoxicidade, o que indica que os metabolitos dos esfingolípidos aumentam a actividade do resveratrol [183].. O resveratrol no cancro gástrico BGC-803 está também associado à inibição da proliferação celular e conduz à morte celular através da via de sinalização Wnt/β-catenina Wnt/β-catenina [184].. O resveratrol (500, 1000 e 1500 mg/kg) está envolvido na regulação positiva de Bax e na regulação negativa do nível de Bcl-2 nas células do modelo de tumor implantado [185].. A interleucina-6 é responsável pela estimulação da invasão e da progressão do cancro. Yang et al. referiram que a interleucina-6 é regulada positivamente no cancro gástrico. Descobriram que o resveratrol desempenha um papel na inibição da invasão celular e da expressão das metaloproteinases da matriz e da via Raf/MAPK em células SGC-7901 induzidas por IL-6 [186]. O resveratrol ajuda a modular a via de sinalização PTEN/Akt em células SGC-7901 resistentes à DOX e inibiu o volume de crescimento do tumor no modelo de rato nú xenográfico modelo de rato [187]. Um estudo in vitro sobre a SGC-7901 mostra que o resveratrol reduz a proliferação celular e as metástases através da cascata de sinalização hedgehog [188].. O resveratrol detém o ciclo celular (fase G1) e reduz o crescimento do tamanho do tumor em ratinhos (modelo de xenoenxerto) de uma forma dependente da Sirtuin1 [189]..

Quadro 1: Fontes, estudos e mecanismos do Lentinan, PSK, PSP, ECCG e resveratrol

Agente natural	Fontes	Modelo de estudo	Estudo	Objectivo/Mecanismo	[a]Ref.
ECCG	*Camélia sinensis*	SGC-7901	Inibir a proliferação celular, Apoptose	Sinalização Wnt/b-catenina	[170]
		Xenoenxe rto de ratinho	Reduz o crescimento do tumor	Não estudado	[170]
		AZ521	Inibe o crescimento celular	cascata de sinalização da β-catenina	[173]
Resveratrol	uvas vermelhas	SNU-1	Inibir a proliferação celular, a apoptose	Sinalização PKC α e δ	[176]
		SGC-7901	Inibe a proliferação celular, a apoptose, a paragem do ciclo celular, inibe as metástases	Via de sinalização NF-κB (p65) Via Raf/MAPK. via de sinalização hedgehog.	[182] [186] [188]
		BGC-803	Apoptose, paragem do ciclo celular	Via PTEN/PI3K/Akt Cascata de sinalização Wnt/β	[181] [184]
		MKN-45	O pré-tratamento com Resveratol bloqueou a infecção por *H. pylori*	Não estudado	[188]

[a]Referências

No modelo de tumor gástrico xenoenxertado, verificou-se que o resveratrol inibia a progressão do tumor, quando uma dose elevada (500-1500 mg/kg) de resveratrol era injectada directamente no local do tumor seis vezes de dois em dois dias [185] . No modelo de xenoenxerto do rato nu, o resveratrol diminui a divisão das células Ki67-positivas no tumor e inibe a expansão do cancro gástrico [189] . [189] . . O resveratrol foi encontrado como um composto activo na inibição de várias estirpes de H. pylori [190] . . Na mucosa gástrica, a expressão de IL-8 e a produção de ROS foram consideradas elevadas devido à infecção por H. pylori. Esta infecção conduz a alterações morfológicas e à intensificação da motilidade nas células em co-cultura, o que é designado por fenómeno do colibri. O resveratrol reduz significativamente o nível de expressão de IL-8 e inibe a geração de ROS em células MKN-45 pré-tratadas que estão infectadas por H. pylori. O resveratrol também bloqueou as alterações da morfologia celular devidas à infecção com a estirpe positiva do gene associado à citotoxina A (CagA) da H. pylori na mesma linha celular [191] . . Para compreender a absorção, a biodisponibilidade e o metabolismo nos seres humanos, o resveratrol marcado com (14C) foi administrado por via oral ou intravenosa a Uma dose oral de 25 mg apresenta o resveratrol a um nível plasmático de 70%, mas a maior parte da dose é recuperada na urina. No entanto, como apresenta baixa biodisponibilidade, ainda indica um efeito preventivo do cancro devido à acumulação nas células epiteliais do tracto aerodigestivo [192] . .

4.5 Curcumina

A curcumina é um pigmento polifenólico amarelado e um componente da planta Curcuma longa, conhecida como açafrão-da-terra [193] , um composto natural útil utilizado para várias doenças humanas, incluindo o cancro. É referido como um agente quimiopreventivo, antitumoral e quimio-sensibilizante agente É referido como um agente quimiopreventivo, antitumoral e quimio-sensibilizante [194] . . A dose máxima eficaz tolerada de curcumina é considerada entre 4-8 g/dia após numerosos ensaios clínicos; no entanto, uma dose de 12 g/dia também foi considerada segura para uso humano [194] . A curcumina foi considerada segura para uso humano [195] . . Verificou-se que a curcumina estimula a via JNK através da fosforilação das proteínas ASK-1, JNK e MKK4, o que resulta na indução de apoptose na linha de células linha de células BGC-823 através da produção de ROS [196] . Afirma-se que a curcumina na linha de células gástricas KATO-III inibe a proliferação celular e pára o ciclo celular através da redução do nível de Além disso, também activa a proteína capase-3 e, por sua vez, induz a apoptose Além disso, também activa a proteína capase-3 e, por sua vez, induz a apoptose [197] . . Quando a curcumina foi utilizada no **Quadro 2. Estudos e mecanismos da curcumina de _Curcuma longa_**

Modelo de estudo	Estudo	Objectivo/Mecanismo	[a]Ref.
BGC-823	Inibe a proliferação celular, induz a apoptose e pára o ciclo celular	Libertação de citocromo C, produção de ROS Via JNK	[193]
	Induz a apoptose Sinergicamente com a quimioterapia	Aumenta a expressão de Bax, caspase 3, 8 e 9, diminui o nível de expressão de Bcl-2	[194]

SGC-7901	Melhora a actividade dos quimioterápicos, induz a apoptose.	Via NF-κB	[197]
SGC-7901/BGC-823	Inverte a quimio-resistência	Modificar a expressão do ARNm 33b	
KATO-III	Inibe a proliferação celular, interrompe o ciclo celular e induz a apoptose	Reduz o nível de expressão da ciclina D e B, activa a caspase-3 e a PARP	[194]
GC-823, MGC-803, MNK1 e SGC-7901	Suprime a proliferação, a invasão e pára o ciclo celular.	Inibição do nível de expressão de HER2, ciclina D	[199]
Modelo de xenoenxerto de ratinho	Reduz o tamanho do tumor, induz a apoptose em sinergia com quimioterápicos	Inibe a expressão de STAT3 e survivina	[198]
Modelo de xenoenxerto de ratinho (Fumo de tabaco tratado)	Retira o cancro	Via ASK1/MKK4/JNK mediada por ROS	[193]

ᵃReferências

Em combinação com 5-FU e oxaliplatina para o estudo in vitro da linha celular BGC-823, resultou na regulação positiva da caspase 3, 8, 9 e na regulação negativa da Bax Como resultado, a curcumina induz a apoptose na linha celular BGC-823 Como resultado, a curcumina induz a apoptose na linha celular BGC-823 [198] . . A técnica de espectrometria de massa e a electroforese em gel bidimensional confirmam que a curcumina altera o nível de expressão (1,5 vezes) de 75 Estas proteínas alvo estão associadas ao crescimento celular, à morte celular apoptótica e ao ciclo celular. Verificou-se que a curcumina reduz o crescimento celular e causa a morte celular apoptótica numa concentração (1-30 μ M) e de forma dependente do tempo (24-96 h) [199] . A curcumina melhora eficazmente a actividade de quimioterápicos como o etoposido e a doxorrubicina. Quando a experiência in vitro foi realizada contra a linha celular SGC-7901, reduz Bcl-xL e Bcl-2 pela via NF-κB [200]. . Quando a curcumina foi utilizada em combinação com 5-FU, resultou na inibição do STAT3 e na sobrevivência dos tumores. Quando a curcumina foi utilizada em combinação com 5-FU, resulta na inibição de STAT3 e na sobrevivência, o que leva à morte das células do cancro gástrico [201] . Foram observados resultados semelhantes no estudo in vivo do modelo de xenoenxerto de ratinhos quando a curcumina (10 mg/kg/dia) foi administrada em combinação com 5-FU (33 mg/kg/duas vezes) e oxaliplatina Actua sinergicamente com este regime quimioterapêutico, reduzindo o tamanho do tumor e induzindo a apoptose nos induzindo a apoptose no modelo in vivo de cancro gástrico [198] . Verificou-se também que a curcumina é eficaz no tratamento do cancro gástrico induzido pela exposição ao tabaco durante 12 semanas no modelo de ratinho. A curcumina (50-100mg/kg) activa e retrai o cancro gástrico ERK1/2 (proteínas quinases reguladas extracelularmente) e JNK, MAPK (proteína quinase activada por mitogénio). -(proteína quinase activada por mitogénio) e provoca a modificação de

Epitelial-mesenquima que foram infectados pelo fumo do tabaco [196] . A curcumina reduz o crescimento de linhas celulares derivadas do cancro gástrico (BGC-823, MGC-803, MNK1 e SGC-7901) a uma dose de 50-100 μM. inibe o nível de HER2 (receptor 2 do factor de crescimento epidérmico humano), reduz a actividade de PAK1 mediada por p21, que é um regulador a jusante do EGFR. inibe a invasão e diminui o nível de expressão do ARNm e da proteína da ciclina D1, acabando por parar o ciclo celular na fase G1 [202] .

4.6 Licopeno

O licopeno é um carotenóide não cíclico que se encontra nos legumes e frutos de cor vermelha, principalmente no tomate, melancia, papaia, alperce e toranja rosa. toranja rosa [203] . O licopeno está envolvido na protecção das células epiteliais gástricas AGS contra danos no ADN dependentes de ATM/ATR induzidos por H. pylori. Mantém o ciclo celular, produz um nível elevado de ROS e induz a apoptose [204] . [204] . . Um estudo realizado em células AGS infectadas com H. pylori mostra que o licopeno diminui o nível de ROS ao inibir a activação de Jak1. provoca alterações no complexo multiproteico Wnt/β-catenina e no nível de expressão das proteínas c-Myc e ciclina E [205] . . O licopeno mostra uma inibição dependente da dose (5, 10, 20, 30 e 40 μmol/L) da proliferação celular e pára o ciclo celular (G0/G1) na linha celular de cancro gástrico HGC-27 gástricas HGC-27 [206] . O licopeno mostra o efeito antioxidante no estudo do modelo de ratinho, aumentando a actividade da superóxido dismutase (SOD) e o nível de GSH. Diminui o nível de malondialdeído e a actividade da catalase (CAT) quando comparado com o modelo de controlo Diminui o nível de malondialdeído e a actividade da catalase (CAT) quando comparado com o modelo de controlo [197, 207] . . O licopeno é um agente anticancerígeno que ajuda a reduzir a actividade antioxidante e a proteger a mucosa gástrica dos danos oxidativos. Num estudo sobre o cancro gástrico num modelo de ratinho, é referido que o licopeno está envolvido na indução da actividade de enzimas dependentes da glutationa e na redução do nível de peroxidação lipídica [208] . Além disso, o licopeno equilibra a apoptose e a proliferação celular, impedindo a alteração do P53 na mucosa gástrica exposta ao fumo do cigarro. os suplementos de licopeno também ajudam a manter o nível de p53 na mucosa gástrica Os suplementos de licopeno também ajudam a manter o nível de p53 na mucosa gástrica [209] . . Num estudo sobre úlcera gástrica induzida

Quadro 3. Estudos e mecanismos do licopeno de frutos e legumes de cor vermelha

Modelo de estudo	Estudo	Objectivo/Mecanismo	[a]Ref.
AGS	Mantém o ciclo celular, aumenta a produção de ROS, induz a apoptose	Inibe os danos no ADN dependentes de ATM/ATR	[251]
		Inibe a activação de JaK1/Stat3 e a via de sinalização Wnt/β-catenina	[202]
HGC-27	Inibe a proliferação celular. pára o ciclo celular na fase G2/M	Diminui a expressão de ciclina B1, Bcl-2, aumenta a expressão de p21, p53 e caspase 3. Via de sinalização ERK	[203]
Modelo de ratinho	Efeito antioxidante	Aumenta a actividade e o nível de SOD e GSH, diminui o nível de MDA e a actividade da CAT	[204]
	Renovação do ambiente gástrico	Reduz a acidez, a secreção gástrica e aumenta o nível de pH	[207]
	Protege a mucosa gástrica dos danos oxidativos	Activa as enzimas dependentes do glutatião. reduz o nível de peroxidação lipídica	[205]
Furões	Inverte a quimio-resistência	Evita a alteração do p53	[206]

[a]Referências

No modelo de estudo, afirma-se que o licopeno (2 mg/kg) e a hesperidina (100 mg/kg) conduzem à renovação do ambiente gástrico normal, reduzindo a acidez [210] .

4.7 Berberina

A berberina é um alcalóide tetra isoquinolina (cloreto de 2,3-metilenodioxi-9,10dimetoxiprotoberberina) que se encontra em muitas plantas e frutos, por exemplo, Berberis aristata, Berberis aquifolium, Phellondendron chinense e Coptis japonica [211] . A berberina tem a capacidade de suprimir a progressão de muitos tipos de células tumorais, incluindo o hepatoma, o carcinoma de células escamosas, o glioblastoma, o carcinoma oral e o carcinoma gástrico. carcinoma oral e carcinoma gástrico [212] , embora se tenha revelado inofensivo para as células normais [213] . Pensa-se que a berberina é eficaz para o sistema gastrointestinal devido à sua baixa biodisponibilidade [214] . [214] .. É referido que a berberina inibe a migração celular através da regulação negativa do nível de expressão das proteínas MMP 1, 2, 7 e 9, bem como induz ROS, o que leva à morte celular [215] .. Num estudo realizado com a linha celular BGC-823, é referido que a berberina tem um efeito sinérgico com o limoneno (um componente da E. rutaecarpa) que está associado na inibição do crescimento celular, induzindo a activação de Caspases e a produção de ROS [216] . Num estudo in vitro/in vivo sobre o cancro gástrico, foi relatado que a berberina suprime a proliferação celular através da paragem do ciclo celular (fase G0/G1) e inibe a invasão e a morte. Também inibe a invasão, a taxa de migração e o crescimento de tumores em modelos de ratinhos. Os investigadores relataram que a via de sinalização AMPK-HNF4a-WNT5A está envolvida neste fenómeno [217] . Verificou-se que a berberina inverte a sensibilidade das linhas celulares resistentes à cisplatina BGC-823/DDP e SGC-7901/DDP. A berberina, em combinação com cisplatina, induz a apoptose através da activação da caspase-3 e da expressão de MIR-203 e aumenta a actividade dos agentes quimioterapêuticos [218] . No modelo de xenoenxerto de ratinho induzido pelo cancro gástrico, a berberina com cetuximab (anticorpo terapêutico) diminui o crescimento do tumor e induz a apoptose através da via de sinalização mediada pelo EGFR mediada pela via de sinalização EGFR [219] . Num estudo in vivo, foi relatado que 5mg/kg de berberina em nanopartículas conjugadas com fucose carregadas de berberina têm a capacidade de inibir significativamente o crescimento de H. pylori. A análise histológica mostra que a berberina reduz a inflamação e o nível de H. pylori num modelo animal [220] .. Na maioria dos doentes asiáticos com cancro gástrico, o HNF4a (Hepatocyte nuclear factor 4a) está sobreexpresso. sob a forma de homodímero [221] .. Num estudo, foi demonstrado que a berberina pode suprimir a expansão da H. pylori quando utilizada na terapia quádrupla com bismuto e berberina. É uma terapia eficaz e alternativa para os doentes que não podem tomar bismuto [222] ..

O SN-38 (o metabolito activo do CPT-11) e o regime terapêutico (paclitaxel, adriamicina e 5-FU) provocam um aumento da expressão e da actividade do CPT-11. Foi relatado que a berberina, em combinação com o SN-38, poderia diminuir os efeitos secundários destes agentes quimioterapêuticos [223] . .

4,8 Kaempferol

O Kaempferol (3,5,7-tri-hidroxi-2-(4-hidroxifenil)-4H-1-benzopiran-4-1) é um complexo amarelo que se encontra em medicamentos à base de plantas, bem como em frutas e legumes. Foi relatado que o Kaempferol inibe o crescimento de tumores, metástases e angiogénese. e detém o ciclo celular em diferentes células cancerígenas humanas [224-226]. . Muitos cientistas relataram o efeito anticancerígeno do kaempferol. Num estudo de caso-controlo de 708 seres humanos realizado por García-Closas et al. Num estudo de caso-controlo de 708 seres humanos realizado por García-Closas et al. [227] . Num estudo in vitro/in vivo (SGC-7901, linha celular NMK-28 e modelo de rato xenoenxertado) de cancro gástrico, o kaempferol mostra uma inibição significativa do crescimento celular O Kaempferol induz a morte celular apoptótica, reduzindo o nível de morte celular apoptótica. Além disso, promoveu a clivagem da PARP. Além disso, promoveu a clivagem da PARP, da caspase-3 e da caspase-9. O estudo in vivo mostra uma redução do tamanho do tumor sem afectar o baço, o fígado e o peso corporal. O mecanismo subjacente foi observado por uma redução do nível de expressão das proteínas COX-2, p-Akt, p-ERK proteínas p-ERK [228]. . Mari e colaboradores estudaram o efeito do kaempferol contra a colónia de H. pylori; o estudo in vitro foi realizado para descobrir o efeito do kaempferol na formação da colónia, enquanto o estudo in vivo foi realizado para descobrir o efeito do kaempferol na formação da colónia. Foi administrada uma dose oral de kaempferol a gerbos durante quatro semanas (duas vezes por dia/10 dias). Foi administrada uma dose oral de kaempferol a gerbos durante quatro semanas (duas vezes por dia/10 dias). Os resultados do seu estudo mostram uma redução do número de colónias [229] nas placas de ágar e no estômago. Os resultados do seu estudo mostram uma redução do número de colónias [229] nas placas de ágar e no estômago dos gerbos (in vivo) [230] . O etanol é considerado uma das principais causas de danos na mucosa gástrica e uma ingestão indevida de etanol resulta em danos agudos na mucosa gástrica [231] . [231] . . O Kaempferol demonstrou ter um efeito protector na mucosa gástrica de ratos contra lesões agudas induzidas pelo etanol, impedindo o crescimento de neutrófilos. O

Kaempferol demonstrou ter um efeito protector na mucosa gástrica dos ratos contra as lesões agudas induzidas pelo etanol, impedindo o crescimento dos neutrófilos, a mieloperoxidase, aumentando o óxido nítrico e mantendo o nível de citocinas.

Kaempferol Quadro 4: Fontes, estudos e mecanismos da barberina e do Kaempferol

Agente natural	Fontes	Modelo de estudo	Estudo	Objectivo/Mecanismo	[a]Ref.
Berberina	Plantas e frutos	SGC-7901 e AGS	Bloqueia a fase G1/G0 do ciclo celular e induz a apoptose	Via de sinalização AMPK-HNF4α-WNT5A.	[214]
		BGC-823	Efeito sinérgico com o limoneno e inibe a proliferação celular, inverte a sensibilidade dos resistentes à cisplatina e induz a apoptose	Activação das caspases e produção de ROS	[207]
		SGC-7901/DDP e BGC-823/DDP	Diminui o crescimento do tumor e induz a apoptose	Activa a caspase-3 e o MIR-203	[215]
		Modelo de xenoenxerto de ratinho	Inibe o crescimento da *H. pylori* e reduz a inflamação	Via de sinalização mediada por EGFR	[216]
		Ensaio clínico	*suprime a H.pylori*		[217]
Kaempferol	Medicamentos à base de plantas e em frutas e legumes	AGS, SNU-638, SNU-216, MNK-74, NCI-N87.	Inibe a proliferação celular, a autofagia	Via de sinalização IRE1-JNK-CHOP e stress de ER.	[231]
		SGC-7901, NMK-28.	Inibe a proliferação celular, detém a fase G2/M do ciclo celular, Apoptose.	Regula negativamente a ciclina B1, Cdk1 e Cdc25C, promovendo a clivagem de PARP, caspase-3 e caspase-9	[225]
		Xenoenxerto de ratinho	Redução do tamanho do tumor	Reduz o nível de COX-2, p-AKT, p-ERK	[225]

Gerbos da Mongólia	Redução da *H. pylori*, Anti-úlcera	Não estudado	[226]
Ratos	Protecção contra as lesões induzidas pelo etanol	Diminuição do nível de TNF-α IL-1β (interleucina-1β) e promoção do nível de óxido nítrico	[229]

ªReferências

Além disso, inibe a actividade da mieloperoxidase, diminui o nível de TNF-α (factor de necrose tumoral-α), IL-1β (interleucina-1β) e promove o nível de TNF-α (factor de necrose tumoral-α). Além disso, inibe a actividade da mieloperoxidase, diminui o nível de TNF-α (factor de necrose tumoral-α), IL-1β (interleucina-1β) e promove o nível de óxido nítrico [232] . Afirma-se que os flavonóides estão envolvidos na indução do stress do retículo endoplasmático (ER) em várias doenças. Este stress induzido pelo ER leva à activação da via IRE1/JNK, que está associada à autofagia [233]. . Kim et al. relataram o mecanismo aprofundado do kaempferol contra as linhas celulares de cancro gástrico AGS, SNU-638, SNU-216, MNK-74 e NCI-N87. Verificou-se que o o kaempferol induz a autofagia, aumentando a taxa de conversão de LC3I em LC3II e reduzindo o nível de proteína p62. Promoveu a morte autofágica em células de cancro gástrico, estimulando a via de sinalização IRE1-JNK-CHOP e induzindo o stress do ER (retículo endoplasmático). inibe a G9a (eixo HDAC/G9a) que activa a autofagia e, em última análise, resulta na morte celular [234] . .

4.9 Quercetina

A quercetina (3,3',4',5,7-penta-hidroxiflavona) é um membro polifenol, que se encontra normalmente em diferentes tipos de frutas, legumes, folhas, grãos e caleidoscópios. e couve [235] . É um composto cristalino amarelado com um sabor amargo, solúvel em ácido acético glacial e soluções básicas, parcialmente solúvel em álcool e insolúvel em água [236] . . No estômago, a quercetina actua como um composto antiulceroso e, nos ratos, ajuda a eliminar a peroxidação lipídica [237] . . Rodolfo et al. referiram que a administração oral de quercetina diminui significativamente o índice de penetração das células mononucleares e da H. pylori As cobaias tratadas com quercetina reduzem significativamente a infiltração de leucócitos neutrófilos e o hidroperóxido lipídico no antro do antro pilórico e no corpo. No entanto, não se manifestou qualquer diferença no corpo dos animais tratados com quercetina e não tratados. cobaias tratadas e não tratadas com quercetina [238] . . Num outro estudo in vitro e in vivo, a quercetina mostra uma pequena inibição da taxa de crescimento da H. pylori. Nos ratinhos, diminui significativamente a inflamação e as lesões gástricas, reduzindo o nível de IL-1b, IFN-c e TNF-a [239] . Sylvia et al. referiram a quercetina como um composto natural activo para ultrapassar a resistência convencional aos medicamentos no cancro gástrico. Induz a apoptose inibindo a proliferação das linhas celulares de cancro gástrico EPG85-257P parental e EPG85-257RDB variante resistente à daunorubicina. A quercetina também reduz o nível de expressão da glicoproteína-P nas células RBD- e diminui significativamente a expressão da glicoproteína-P. e diminui significativamente o nível de expressão do gene ABCB1 [240] . . CYR61 (Cysteine-rich angiogenic inducer 61) é uma proteína relacionada com a matriz extracelular que está relacionada com a sobrevivência das células, a progressão tumoral e a toxicidade das drogas. Um estudo descreve o papel da quercetina contra a resistência aos medicamentos (contra fluorouracil, paclitaxel, Adriamycin, docetaxel e Adriamicina). Verificou-se que a linha celular AGS (transfectada com CYR61) induz significativamente a apoptose, afectando o nível de NF-κB, p65 e resistência a múltiplos fármacos. Pode também inibir a progressão da colónia e diminuir a taxa de migração, reduzindo o nível de expressão da proteína AGS-cyr61. Além disso, foi encontrada uma influência sinérgica efectiva quando a quercetina foi utilizada com 5-FU e Adriamicina [241] . . Num estudo in vitro/in vivo, foi referido que as células GES-1 pré-tratadas com quercetina protegem eficazmente as células do stress oxidativo induzido por $H\,O_{22}$. O estudo de H. et al. descobriu que a quercetina pode diminuir eficazmente o nível de expressão de ROS que, por sua vez, desempenha um papel protector contra as complicações da mucosa gástrica Este papel protector da quercetina é explicado pela diminuição do stress oxidativo (e, por sua vez, dos danos oxidativos). A quercetina é um dos principais agentes protectores da mucosa gástrica, relacionando o papel do potencial da membrana mitocondrial, reduzindo a taxa de apoptose e activando o mecanismo de defesa antioxidante [242] . Foi realizado um estudo de caso-controlo entre habitantes suecos (casos=505, controlo=1116) para compreender a relação entre o papel da quercetina e o seu efeito na saúde. Foi realizado um estudo de caso-controlo entre habitantes suecos (casos=505, controlo=1116) para compreender a relação entre o papel da ingestão de quercetina e o cancro gástrico cardia, não cardia difuso e intestinal. O estudo revelou que existe uma relação inversa entre a ingestão de quercetina (4-11 mg por dia) e o subtipo de cancro gástrico não cardia (valor p, < 0,001). Foi também encontrada uma relação positiva semelhante para o subtipo difuso e intestinal de cancro gástrico. No entanto, não foram observados resultados significativos para Curiosamente, verificou-se que o papel da quercetina era mais pronunciado nas mulheres com o hábito de fumar [243] . . O TRPM7 é um membro da superfamília TRP (canais de catiões não selectivos permeáveis ao Ca2+), sendo vital para a sobrevivência das células. Kim et al. descreveram que, em Kim et al. descreveram que, no cancro gástrico, o canal TRPM7 pode ser observado como um possível alvo para o tratamento do cancro gástrico. O mesmo autor referiu que a quercetina inibe o crescimento das células e induz a morte celular apoptótica nas células AGS através da activação do canal TRPM7 da via AMPK [244] . O papel da quercetina foi descrito em combinação com os fármacos quimioterapêuticos irinotecano e SN-38 (metabolito do irinotecano), que está envolvido na activação da via TRPM7 [244] . O papel da quercetina foi descrito em combinação com os fármacos quimioterapêuticos irinotecano e SN-38 (metabolito do irinotecano), que está envolvido na inibição da topoisomerase I do ADN. Verificou-se que as células AGS tratadas com uma dose elevada de SN-38 resultam na regulação positiva da proteína β-catenina Verificou-se que as células AGS tratadas com uma dose elevada de SN-38 resultam na regulação positiva da expressão da proteína β-catenina em comparação com as células tratadas com uma dose baixa de SN-38 em combinação com quercetina ou apenas com quercetina. O modelo de rato xenoenxertado mostra um nível reduzido de Twist1/ITGβ6 após o tratamento com uma dose baixa de irinotecano e quercetina em comparação com o tratamento com a dose mais elevada de irinotecano e quercetina. Além disso, a concentração e a percentagem de factores associados à angiogénese (VEGF-A e VEGF-receptor 2) e de monócitos que expressam Tie2- também se verificou ser baixa no grupo da quercetina e do irinotecano [245] . O sistema uPA/uPAR (activador/receptor do plasminogénio da uroquinase) é fundamental para a metástase do tumor. Um estudo relatou o papel do uPA/uPAR na metástase do tumor. Foi afirmado que a quercetina reduz a taxa de invasão e migração através da redução do nível de expressão das proteínas uPA/uPAR. O mecanismo subjacente ao tratamento com quercetina foi associado à activação de AMPKα e à inibição de PKC-δ, ERK1/2 e NF-κB [246]. Quando a quercetina foi utilizada em combinação com a curcumina, mostra um efeito significativo nas células MGC-803, inibindo a taxa de proliferação celular. Quando a quercetina foi utilizada em combinação com a curcumina, mostra um efeito significativo nas células MGC-803, inibindo a taxa de proliferação celular, induzindo a apoptose através de vias de sinalização intrínsecas e diminuindo a fosforilação das proteínas Akt/ERK [247] . Hung e colaboradores referiram que a quercetina inibe a proliferação de células AGS, induz a apoptose e aumenta a libertação de ROS, diminuindo o nível de Bcl-2, MCl nível de Bcl-2, MCl-1 e aumenta o nível das proteínas Bax, Bad e Bid [248]. O papel protector da quercetina foi referido contra a indução de apoptose quando as células AGS e MNK-28 foram tratadas com quercetina; esta induz O papel protector da quercetina foi relatado contra a indução da apoptose quando as células AGS e MNK-28 foram tratadas com quercetina; induz a autofagia através da formação de vacúolos autofágicos, vesículas ácidas e conversão da forma LC3I em LC3II (marcador de autofagia). Verificou se que a quercetina elucida a via Akt/mTOR e hIF-1α que está associada à morte celular apoptótica [249]. A actividade anticancerígena da quercetina para induzir a morte celular apoptótica foi relatada por Ping e colegas. Observaram alterações na morfologia celular e no nível de proteínas relacionadas com a apoptose (diminuição de Bcl-2, aumento de Bax e caspase-3) [250]..

4.10 β-Caroteno

O β-caroteno é um membro do grupo do caroteno com anéis β em ambos os lados da molécula. O β-caroteno encontra-se em plantas com cor vermelho-alaranjada e é uma boa fonte de provitamina A fonte de provitamina A [251].. O β-caroteno é um agente natural antioxidante e anti-inflamatório que elimina as ROS na célula e previne a inflamação. A eficácia do β-caroteno foi descrita numa série de estudos Ultimamente, o papel anticancerígeno do β-caroteno tem sido referido numa série de estudos [252].. Para manter a integridade do ADN na célula, a reparação do ADN é um mecanismo essencial. Neste mecanismo, a mutação da ataxia-telangiectasia Neste mecanismo, a mutação da ataxia-telangiectasia [253] Neste mecanismo, a mutação da ataxia-telangiectasia [253] actua como um sensor que activa uma série de sinais, como a reparação do ADN, os pontos de controlo do ciclo celular e a apoptose. Descobriram que o β-caroteno resulta na fragmentação do ADN

Quadro 5: Fontes, estudos e mecanismos da quercetina e do β-caroteno

Agente natural	Fontes	Modelo de estudo	Estudo	Objectivo/Mecanismo	[a]Ref.
Quercetina	Frutas, legumes, folhas, couve e cereais	Porquinho-da-índia	Inibe a taxa de crescimento da *H. pylori*	Reduz a infiltração de leucócitos neutrófilos e o hidroperóxido lipídico	[235]

		EPG85-257P, EPG85-257RDB	Efeito sinérgico nas células P	Reduz o nível da glicoproteína-P, gene ABCB	[237]
		CYR61 transfectado AGS	Inibe a viabilidade celular, a progressão das colónias e induz a apoptose	Via NF-kappa B	[238]
		AGS	Inibe a proliferação celular, a apoptose	Via AMPK	[241]
		AGS, BGC823	Reduz a invasão e a migração	Activa a AMPKα e inibe a PKC-δ, ERK1/2 e NF-κb, PKC-δ. Via AKT/ERK	[243]
β-Caroteno	Em plantas e frutos de cor vermelho-alaranjada	AGS	Fragmentação do ADN e apoptose	Diminui o P53 e o Bcl2 e aumenta o Bax.	[251]
		AGS	Aumenta o nível de ROS, caspase 3, morte celular apoptótica	Não estudado	[254]
		Ratos	Protege contra o cancro gástrico induzido pelo tabaco	Via Notch	[255]

reduz o nível de P53 e Bcl-2 e aumenta o nível de Bax [254]. O H O_{22} (peróxido de hidrogénio) foi utilizado para induzir a inflamação e activar o NF-κB e a IL-8 nas células AGS. As células foram expostas ao H O_{22}, antes de um tratamento de 2h com β-Caroteno. -Os seus resultados indicaram que o β-caroteno inibe o nível elevado de ROS, NF-κB e IL-8 nas células AGS [255].. As proteínas Ku são subunidades reguladoras da proteína quinase dependente do ADN que estimulam o mecanismo de reparação do ADN e, por sua vez, conduzem à apoptose [256].. Yoona et al. revelaram o papel do β-caroteno, que inibe o nível e a ligação das proteínas Ku70/80 nas células AGS. ROS e caspase-3, que induzem a morte celular apoptótica na linha celular AGS [257].. Ling et al. demonstraram que o β-Caroteno é protector contra o cancro gástrico induzido pelo tabaco. Estudam o papel do β-Caroteno na EMT induzida pelo fumo (Estudaram o papel do β-caroteno na EMT induzida pelo fumo (transição epitelial-mesenquimal) no estômago de ratinhos BALB/c e descobriram o envolvimento da via Notch. Notch inhibitor) pode bloquear a activação da via Notch induzida pelo fumo e a EMT no estômago de ratinhos através do tratamento com β-Caroteno [258] .

5.0 Referências

1. Siegel, R.L., K.D. Miller, e A. Jemal, *Cancer statistics, 2019.* ca: a cancer journal for clinicians, 2019. **69**(1): p. 7-34.

2. Anand, P., et al., *Cancer is a preventable disease that requires major lifestyle changes.* pharmaceutical research, 2008. **25**(9): p. 2097-2116.

3. Yin, X.-F., et al., *A selective aryl hydrocarbon receptor modulator 3, 3'-Diindolylmethane inhibits gastric cancer cell growth.* Journal of Experimental & Clinical Cancer Research, 2012. 31(1): p. 46. Experimental & Clinical Cancer Research, 2012. **31**(1): p. 46.

4. Venerito, M., et al., *Gastric cancer-epidemiologic and clinical aspects.* Helicobacter, 2014. **19**: p. 32-37.

5. Parkin, D.M., F. Bray, e S. Devesa, *Cancer burden in the year 2000. the global picture.* european journal of cancer, 2001. **37**: p. 4-66.

6. Forman, D. e V. Burley, *Gastric cancer: global pattern of the disease and an overview of environmental risk factors.* best practice & research Clinical gastroenterology, 2006. **20**(4): p. 633-649.

7. Chen, W., et al., *Cancer incidence and mortality in China, 2014.* chinese journal of cancer research, 2018. **30**(1): p. 1.

8. Stock, M. e F. Otto, Gene *deregulation in gastric cancer,* Gene, 2005. **360**(1): p. 1-19.

9. Nounou, M.I., et al., *Breast Cancer: Conventional Diagnosis and Treatment Modalities and Recent Patents and Technologies.* cancro da mama: investigação básica e clinical research, 2015. **9**(Suppl 2): p. 17-34.

10. Wu, A. e J. Ji, *Adjuvant chemotherapy for gastric cancer or not: a dilemma?* 2008, Oxford University Press.

11. Schmidt, B. e S.S. Yoon, *D1 versus D2 lymphadenectomy for gastric cancer.* journal of surgical oncology, 2013. **107**(3): p. 259-264.

12. Kakeji, Y., M. Morita, e Y. Maehara, *Strategies for treating liver metastasis from gastric cancer.* surgery today, 2010. **40**(4): p. 287-294.

13. Jing, L. e C. Lin, *Current status and progress in gastric cancer with liver metastasis.* chinese medical journal, 2011. **124**(3): p. 445-456.

14. Wasser, S., *Medicinal mushroom science: current perspectives, advances, evidences, and challenges.* biomedical journal, 2014. **37**(6).

15) Pluen, A., et al., *Role of tumor-host interactions in interstitial diffusion of macromolecules: cranial vs. subcutaneous tumors.* Proceedings of the National Academy of Sciences, 2001. **98**(8): p. 4628-4633.

16.   Longo-Sorbello, G., *Current understanding of methotrexate pharmacology and efficacy in acute leukemias. use of newer antifolates in clinical trials.* haematologica, 2001. **86**(2): p. 121-127.

17.   Nichol, J.L., *AMG 531: An investigational thrombopoiesis-stimulating peptibody,* Pediatric blood & cancer, 2006. **47**(S5): p. 723 -725.

18.   Oliner, J., et al., *Suppression of angiogenesis and tumor growth by selective inhibition of angiopoietin-2.* Cancer cell, 2004. **6**(5): p. 507-516.

19.   Bouffard, D.Y., et al., *Oligonucleotide modulation of multidrug resistance.* European journal of cancer (Oxford, Inglaterra : 1990), 1996. **32A**(6): p. 1010-1018. 1010-1018.

20.   Chandarlapaty, S., *Negative Feedback and Adaptive Resistance to the Targeted Therapy of Cancer,* Cancer Discovery, 2012. **2**(4): p. 311.

21.   Sierra, J.R., V. Cepero, and S. Giordano, *Molecular mechanisms of acquired resistance to tyrosine kinase targeted therapy.* Mol Cancer, 2010. **9**: p. 75. .

22.   Yap, T.A., A. Omlin, and J.S. de Bono, *Development of therapeutic combinations targeting major cancer signaling pathways.* j Clin Oncol, 2013. **31**(12) : p. 1592-605. : p. 1592-605.

23.   Yuan, R., et al., *Produtos naturais para prevenir a resistência aos medicamentos na quimioterapia do cancro: uma revisão.* Ann N Y Acad Sci, 2017. **1401**(1): p. 19-27.

24.   Koehn, F.E. e G.T. Carter, *The evolving role of natural products in drug discovery,* Nature reviews Drug discovery, 2005. **4**(3): p. 206-220.

25.   Harvey, A.L., R. Edrada-Ebel, e R.J. Quinn, *O ressurgimento de produtos naturais para a descoberta de medicamentos na era da genómica.* nature reviews drug discovery, 2015. **14**(2): p. 111-129.

26.   Lemke, T.L. e D.A. Williams, *Foye's principles of medicinal chemistry.* 2012: Lippincott Williams & Wilkins.

27.   Friedman, M., *Mushroom polysaccharides: chemistry and antiobesity, antidiabetes, anticancer, and antibiotic properties in cells, rodents, and humans.* Foods, 2016. **5**(4): p. 80.

28)   Chang, R., *Functional properties of edible mushrooms.* nutrition reviews, 1996. **54**(11 Pt 2): p. S91-3.

29)   Chang, S. e J. Buswell, *Mushroom nutriceuticals,* World Journal of Microbiology and biotechnology, 1996. **12**(5): p. 473-476.

30)   Manzi, P., et al., *Nutrients in edible mushrooms: an inter-species comparative study.* food chemistry, 1999. **65**(4): p. 477-482.

31)   Kavishree, S., et al., *Fat and fatty acids of Indian edible mushrooms,* Food Chemistry, 2008. **106**(2): p. 597-602.

32.   Borchers, A.T., C.L. Keen, e M.E. Gershwin, *Mushrooms, tumors, and immunity: an update.* Experimental Biology and Medicine, 2004. **229**(5): p. 393- 406.

33.   Lindequist, U., T.H. Niedermeyer, e W.-D. Jülich, *The pharmacological potential of mushrooms.* Medicine, 2005. **2**.

34   Villares, A., L. Mateo-Vivaracho e E. Guillamón, *Características estruturais e propriedades saudáveis dos polissacáridos presentes nos cogumelos.* Agricultura, 2012. **2**(4): p. 452-471.

35.   yamac, M., et al., *Efeitos do cogumelo medicinal de casco preto, Phellinus linteus (Agaricomycetes), extrato de polissacarídeo em estreptozotocina-* Revista internacional de cogumelos medicinais, 2016. **18**(4).

36   De Silva, D.D., et al., *Bioactive metabolites from macrofungi: ethnopharmacology, biological activities and chemistry (metabolitos bioactivos de macrofungos: etnofarmacologia, actividades biológicas e química)* Fungal Diversity, 2013. Fungal Diversity, 2013. **62**(1): p. 1-40.

37.   Selvi, S., et al., *Anticancer potential evoked by Pleurotus florida and Calocybe indica using T 24 urinary bladder cancer cell line.* African Journal of Biotechnology, 2011. 10(37): p. 7279-285. Revista Africana de Biotecnologia, 2011. **10**(37): p. 7279-7285.

38.   Wang, G., et al., *Polissacarídeos de Phellinus linteus inibem o crescimento e a invasão celular e induzem apoptose em HepG2 hepatocelular humano* Biologia, 2012. **67**(1): p. 247-254.

39.   Xie, Q., et al., *A substituição do selénio confere à cistina uma actividade de radiossensibilização contra células de cancro do colo do útero.* rsc advances, 2014. **4**(64): p . 34210-34216.

40.   Kim, S.H., R. Jakhar e S.C. Kang, *Propriedades apoptóticas do polissacarídeo isolado dos corpos de frutificação do cogumelo medicinal Fomes fomentarius em linha celular de carcinoma de pulmão humano.* revista saudita de ciências biológicas, 2015. **22** (4): p. 484-490.

41.   pilkington, K., et al., *Coriolus versicolor mushroom for colorectal cancer treatment.* cochrane Database of Systematic Reviews, 2016. **2016**(2): p. CD012053.

42.   Jiao, C., et al., *Anticancer activity of Amauroderma rude.* PLoS One, 2013. **8**(6): p. e66504.

43)   Chen, A.W., *Cultivation of Lentinula edodes on synthetic logs,* Mushroom Growers' Newsletter, 2001. **10**(4): p. 3-9.

44.   Andrade, M.C.N.d., et al., *Crescimento micelial de duas linhagens de Lentinula edodes em meios de cultura preparados com extratos de serragem de sete espécies de eucalipto e três clones de eucalipto.* Acta Scientiarum. Agronomia, 2008. **30**(3): p. 333-337.

45.   Lee, H.-Y., et al., *Desenvolvimento de 44 novos marcadores SSR polimórficos para a determinação de cultivares de cogumelos shiitake (Lentinula edodes).* genes. 2017. **8**(4): p. 109.

46.   Philippoussis, A., P. Diamantopoulou, e C. Israilides, *Produtividade de resíduos agrícolas utilizados para o cultivo do fungo medicinal* International Biodeterioration & Biodegradation, 2007. **59**(3): p. 216-219.

47.   Casaril, K.B.P.B., M.C.M. Kasuya, e M.C.D. Vanetti, *Atividade antimicrobiana e composição mineral de cogumelos shiitake cultivados em* Arquivos Brasileiros de Biologia e Tecnologia, 2011. **54**(5): p. 991-1002.

48.   Murphy, E.A., J.M. Davis, e M.D. Carmichael, *Immune modulating effects of β-glucan.* Current Opinion in Clinical Nutrition & Metabolic Care. 2010. **13**(6): p. 656-661.

49.   Saitô, H., et al. *A 13C-NMR-Spectral study of a gel-forming, branched (1→ 3)-β-d-glucan, (lentinan) from lentinus edodes, and its acid-degraded* Carbohydrate Research, 1977. **58**(2): p. 293-305.

50.   Kurashige, S., Y. Akuzawa e F. Endo, *Effects of Lentinus edodes, Grifola frondosa and Pleurotus ostreatus administration on cancer outbreak, and* Imunofarmacologia e imunotoxicologia, 1997. *Immunopharmacology and* immunotoxicology, 1997. **19**(2): p. 175-183.

51.   Kidd, P.M., *The use of mushroom glucans and proteoglycans in cancer treatment.* alternative medicine review, 2000. **5**(1): p. 4-27.

52.   Nakano, H., et al., *A multi-institutional prospective study of lentinan in advanced gastric cancer patients with unresectable and recurrent diseases: effect on prolong survival and improvement quality life. Kanagawa Lentinan Research Group,* Hepato-gastroenterology, 1999. **46** (28): p. 2662-2668.

53   Görgens, J.F., D.C. Bressler e E. van Rensburg, *Engineering Saccharomyces cerevisiae for direct conversion of raw, uncooked or granular starch* Revisões críticas em biotecnologia, 2015. **35**(3): p. 369-391.

54.   Zhong, M., et al., *Caracterização de novo do transcriptoma de Lentinula edodes C91-3 por sequenciamento profundo de Solexa.* bioquímico e biofísico comunicações de investigação, 2013. **431**(1): p. 111-115.

55.   Liu, B., et al., *Da indução de autofagia à morte celular programada? O estudo do domínio funcional PI3k da proteina latcripin-1 de Lentinula edodes c91- 3)* International Journal of Peptide Research and Therapeutics, 2014. **20**(3): p. 341-352.

56.   Wang, J., et al., *Expressão e análise funcional da nova molécula - domínio Latcripin-13 de Lentinula edodes C91-3 produzido em* Gene, 2015. **555**(2): p. 469-475.

57.   Tian, L., et al., *In vitro antitumor activity of Latcripin-15 regulator of chromosome condensation 1 domain protein.* Oncology Letters, 2016. **12**(5). P. 3153-3160.

58. Gao, Y., et al., *A latcripina 11 recombinante de Lentinula edodes C91-3 suprime a proliferação de várias células cancerígenas.* Gene, 2018. **642**: p. 212-219 .

59 Joseph, T.P., et al., *Lp16-PSP, um membro da família de proteínas YjgF/YER057c/UK114 induz apoptose e paragem do ciclo celular G1 mediada por p21WAF1/CIP1 em* International Journal of Molecular Sciences, 2017. **18**(11): p. 2407.

60. Ballazhi, L., et al., *Artigo de pesquisa original. Hydrazinyldiene-chroman-2, 4-diones na indução de parada de crescimento e apoptose em células de câncer de mama: Sinergismo com doxorrubicina e correlação com propriedades físico-químicas.* Acta Pharmaceutica, 2017. **67**(1): p. 35.

61. Porter, P., *"Westernizing" women's risks? Breast cancer in lower-income countries (cancro da mama em países de baixo rendimento).* New England Journal of Medicine. 2008. **358**(3): p. 213-216.

62 Ferlay, J., et al., *Estimates of worldwide burden of cancer in 2008: GLOBOCAN 2008,* International Journal of Cancer, 2010. **127**(12): p. 2893-2917.

63. Anderson, B.O., et al., *Guideline implementation for breast healthcare in low-income and middle-income countries. Overview of the Breast Health Global Initiative Global Summit 2007,* Cancer, 2008. **113**(S8): p. 2221-2243.

64. Li, T., C. Mello-Thoms, e P.C. Brennan, *Descriptive epidemiology of breast cancer in China: incidence, mortality, survival and prevalence.* Breast cancer research and treatment (Investigação e tratamento do cancro da mama), 2016. **159**(3): p. 395-406.

65. Joseph, T.P., et al., *Uma avaliação pré-clínica das atividades antitumorais de cogumelos comestíveis e medicinais: uma visão molecular.* Integrativo terapias contra o cancro, 2018. **17**(2): p. 200-209.

66. Jong, S. e J. Birmingham, *Medicinal and therapeutic value of the shiitake mushroom,* in *Advances in applied microbiology.* 1993, Elsevier. p. 153- p. 153- 184.

67. bisen, P., et al., *Lentinus edodes: um macrofungo com actividades farmacológicas.* química medicinal actual, 2010. **17**(22): p. 2419-2430.

68 Rincão, V.P., et al., *Polissacarídeo e extractos de Lentinula edodes: características estruturais e actividade antiviral.* revista Virologia, 2012. **9**(1) : p. 1-6. Revista de Virologia, 2012. 9(1) : p. 1-6.

69. Ann, X.-H., et al., *Expressão e caracterização da proteína Latcripin-3, uma molécula antioxidante e antitumoral de Lentinula edodes C91-3.* Asian Pac J Cancer Prev, 2014. **15**(12): p. 5055-61.

70. Batool, S., et al., *LP1 de Lentinula edodes C91-3 induz autofagia, apoptose e reduz a metástase na linha celular de cancro gástrico humano SGC-7901.* Revista Internacional de Ciências Moleculares, 2018. **19**(10): p. 2986.

71.   Padhiar, A.A., et al., *Estudo comparativo para desenvolver um único método para recuperar uma ampla classe de proteínas recombinantes de corpos de inclusão clássicos.* Microbiologia aplicada e biotecnologia, 2018. **102**(5): p. 2363-2377.

72   Balasubramanian, K., B. Mirnikjoo, e A.J. Schroit, *Regulated externalization of phosphatidylserine at the cell surface implications for* Journal of Biological Chemistry, 2007. **282**(25): p. 18357-18364.

73   Wyllie, A., J.R. Kerr, e A. Currie, *Cell death: the significance of apoptosis*, em *International review of cytology.* 1980, Elsevier. p. 251-306.

74.   Liu, B., et al., *Uma nova molécula correlacionada com a apoptose: expressão e caracterização da proteína latcripin-1 de Lentinula edodes C91-3.* -Jornal Internacional de Ciências Moleculares, 2012. **13**(5): p. 6246-6265.

75.   Hernandez, H., A.L. Roberts e C.M. McDowell, *A sinalização do factor nuclear kappa beta é necessária para o factor de crescimento transformador Beta-2 induzido* Experimental Eye Research, 2020. **191**: p. 107920.

76.   Teixeira, L.F.S., J.P.S. Peron, e M.H. Bellini, *O silenciamento da expressão do gene do factor nuclear kappa b 1 inibe a formação de colónias, a migração celular e invasão através da regulação negativa da interleucina 1 beta e da metalopeptidase 9 da matriz no carcinoma de células renais.* Relatórios de Biologia Molecular, 2020. **47**(2) : p. 1143-1151 : p. 1143-1151.

77.   Ramamoorthy, A., et al., *Effect of Sudharshan Kriya Pranayama on Salivary Expression of Human Beta Defensin-2, Peroxisome Proliferator-Activated Receptor Gamma, and Nuclear Factor-Kappa B in Chronic Periodontitis. Receptor Gamma, e Factor Nuclear-Kappa B na Periodontite Crónica.* Cureus, 2020. **12**(2): p. e6905.

78)   Altomare, D.A. e J.R. Testa, *Perturbations of the AKT signaling pathway in human cancer (Perturbações da via de sinalização AKT no cancro humano)* Oncogene, 2005. **24**(50): p. 7455-7464.

79   Mook, O.R., W.M. Frederiks, e C.J. Van Noorden, *The role of gelatinases in colorectal cancer progression and metastasis.* Biochim Biophys Acta. 2004. **1705**(2): p. 69-89.

80)   Lin, H.L., et al., *2-Methoxyestradiol attenuates phosphatidylinositol 3-kinase/Akt pathway-mediated metastasis of gastric cancer.* international journal of cancer, 2007. **121**(11): p. 2547-2555.

81.   Samuels, Y., et al., *Szabo s, Yan H, Gadzar A, Powell SM, Riggins GJ, Willson JK, Markowitz S, Kinzler KW, Vogelstein B, Velculescu VE: Mutações de alta frequência do gene PIK3CA em cancros humanos. mutações do gene PIK3CA em cancros humanos,* Science, 2004. **304**: p. 554.

82.   Luo, J.-L., H. Kamata e M. Karin, *IKK/NF-κB signaling: balancing life and death-a new approach to cancer therapy.* clinical investigation, 2005. **115**(10): p. 2625-2632.

83.   Kim, Y.-N., et al., *Anoikis resistance: an essential prerequisite for tumor metastasis.* international journal of cell biology, 2012. **2012**.

84)   Han, S.S., et al., *o ácido l-ascórbico reprime a activação constitutiva da expressão de NF-κB e COX-2 em* Journal of cellular biochemistry, 2004. **93**(2): p. 257-270.

85)   Han, S.S., et al., *Arsenic trioxide represses constitutive activation of NF-κB and COX-2 expression in human acute* Journal of cellular biochemistry, 2005. **94**(4): p. 695-707.

86)   García-Rostán, G., et al., *Mutation of the PIK3CA gene in anaplastic thyroid cancer,* Cancer research, 2005. **65**(22): p. 10199-10207.

87.   Li, V.S.W., et al., *Mutations of PIK3CAin gastric adenocarcinoma.* BMC cancer, 2005. **5**(1): p. 29.

88.   Chen, W., et al., *NF-kappaB no cancro do pulmão, um mediador da carcinogénese e um alvo de prevenção e terapia.* Front Biosci (Landmark Ed), 2011. **16**: p. 1172-1185. 1172-1185.

89   Chambard, J.-C., et al., *ERK implication in cell cycle regulation,* Biochimica et Biophysica Acta (BBA)-Molecular Cell Research, 2007. **1773**(8): p. 1299-10. 1299-1310.

90.   Li, J.M. e G. Brooks, *Cell cycle regulatory molecules (cyclins, cyclin-dependent kinases and cyclin-dependent kinase inhibitors) and the* Eur Heart J, 1999. **20**(6): p. 406-20.

91.   Chen, T., et al., *Cannabisin B induz a morte celular autofágica inibindo a via AKT / mTOR e a parada do ciclo celular da fase S nas células HepG2.* food Chem. 2013. **138**(2-3): p. 1034-41.

92.   ela, T., et al., *O extrato de salsaparrilha (Smilax Glabra Rhizome) ativa a via ATM / ATR dependente de redox para inibir o crescimento de células cancerosas por fase s* Nutrição e cancro, 2017. **69**(8): p. 1281-1289.

93.   Tasdemir, E., et al., *Cell cycle-dependent induction of autophagy, mitophagy and reticulophagy.* cell cycle, 2007. **6**(18): p. 2263-2267.

94.   Karin, M., *Nuclear factor-κB in cancer development and progression,* Nature, 2006. **441**(7092): p. 431-436.

95.   bray, F., et al., *Global cancer statistics 2018: GLOBOCAN estimates of incidence and mortality worldwide for 36 cancers in 185 countries.* ca Cancer J Clin, 2018. **68**(6): p. 394-424.

96.   Torre, L.A., et al., *Global cancer statistics, 2012.* ca: a cancer journal for clinicians, 2015. **65**(2): p. 87-108.

97.   sitarz, R., et al., *Gastric cancer: epidemiology, prevention, classification, and treatment.* cancer management and research, 2018. **10**: p. 239-248 .

98.   skierucha, M., et al., *Molecular alterations in gastric cancer with special reference to the early-onset subtype.* world journal of gastroenterologia, 2016. **22**(8): p. 2460.

99.   Thorban, S., et al., *Prognostic factors in gastric stump carcinoma (Factores de prognóstico no carcinoma do coto gástrico)* Annals of surgery, 2000. **231**(2): p. 188.

100.   Kikuchi, S., et al., *Association between family history and gastric carcinoma among young adults.* Japanese journal of cancer research, 1996. **87**(4) : p. 332-336. Revista japonesa de investigação do cancro, 1996. 87(4) : p. 332-336.

101.   Carcas, L.P., *Gastric cancer review.* journal of carcinogenesis, 2014. **13**.

102.   Correa, P., *Gastric cancer: overview,* Gastroenterology Clinics of North America, 2013. **42**(2): p. 211.

103.   Batool, S., et al., *LP1 de Lentinula edodes C91-3 induz autofagia, apoptose e reduz a metástase na linha celular de cancro gástrico humano SGC-7901.* Revista internacional de ciências moleculares, 2018. **19**(10): p. 2986.

104.   Din, S.R.U., et al., *Latcripin-7A, derivado de Lentinula edodes C91-3, reduz a migração e induz apoptose, autofagia e ciclo celular* Appl Microbiol Biotechnol, 2020.

105.   Kelley, L.A., et al., *The Phyre2 web portal for protein modeling, prediction and analysis.* nat Protoc, 2015. **10**(6): p. 845-58.

106.   Krieger, E., et al., *Improving physical realism, stereochemistry, and side-chain accuracy in homology modeling: Four approaches that performed well in CASP8.* Proteins, 2009. **77 Suppl 9**: p. 114-22.

107.   Davis, I.W., et al., *MOLPROBITY: validação de estruturas e análise de contactos de todos os átomos para ácidos* nucleicos *e seus complexos.* . **32**(Web Server issue): p. W615-9.

108.   Bjorkoy, G., et al., *p62/SQSTM1 forma agregados proteicos degradados pela autofagia e tem um efeito protector na morte celular induzida pela huntingtina.* J Cell Biol, 2005. **171**(4): p. 603-14.

109.   Carloni, S., et al., *Activation of autophagy and Akt/CREB signaling play an equivalent role in the neuroprotective effect of rapamycin in neonatal* Autophagy, 2010. **6**(3): p. 366-77.

110.   Shen, L., et al., *Management of gastric cancer in Asia: resource-stratified guidelines (Gestão do cancro gástrico na Ásia: orientações estratificadas em termos de recursos)* Lancet Oncol, 2013. **14**(12): p. e535-47.

111   Turło, J., B. Gutkowska e F. Herold, *Efeito do enriquecimento com selénio nas actividades antioxidantes e na composição química dos extractos miceliais de Lentinula edodes (Berk.) Pegl.* Food and chemical toxicology, 2010. **48**(4): p. 1085-1091.

112.   Mishra, K.K., R.S. Pal e B. JC, *Comparação das propriedades antioxidantes no chapéu e no estipe de Lentinula edodes - um cogumelo medicinal.* 2015.

113.	Tanaka, K., et al., *A ingestão oral de extracto de micélios de Lentinula edodes pode restaurar a resposta das células T antitumorais de ratinhos inoculados com colon-26* Oncology reports, 2012. **27**(2): p. 325-332.

114.	Finimundy, T., et al., *Extractos aquosos de Lentinula edodes e Pleurotus sajor-caju exibem elevada capacidade antioxidante e promissores in vitro* Nutrition research, 2013. **33**(1): p. 76-84.

115.	Siegel, R.L., K.D. Miller, e A. Jemal, *Estatísticas do cancro, 2018.* 2018. **68**(1): p. 7-30.

116.	Greenwell, P.W., et al., *TEL1, um gene envolvido no controlo do comprimento dos telómeros em S. cerevisiae, é homólogo ao gene da ataxia telangiectasia humana.* Cell, 1995. **82**(5): p. 823-9.

117.	Mallory, J.C. e T.D. Petes, *Protein kinase activity of Tel1p and Mec1p, two Saccharomyces cerevisiae proteins related to the human ATM protein* Proc Natl Acad Sci U S A, 2000. **97**(25): p. 13749-54.

118.	Geoffroy-Perez, B., et al., *Cancer risk in heterozygotes for ataxia-telangiectasia,* Int J Cancer, 2001. **93**(2): p. 288-93.

119.	Kitagawa, R. e M.B. Kastan, *The ATM-dependent DNA damage signaling pathway (A via de sinalização de danos no ADN dependente de ATM)* Cold Spring Harb Symp Quant Biol, 2005. **70**: p. 99-109.

120.	Tasdemir, E., et al., *Cell cycle-dependent induction of autophagy, mitophagy and reticulophagy (Indução de autofagia, mitofagia e reticulofagia dependente do ciclo celular)* Cell Cycle, 2007. **6**(18): p. 2263-7.

121.	She, T., et al., *Extrato de salsaparrilha (Smilax Glabra Rhizome) ativa a via ATM / ATR dependente de redox para inibir o crescimento de células cancerígenas pela fase S Prisão, apoptose e autofagia* Nutr Cancer, 2017. **69** (8): p. 1281-1289.

122.	Lowe, S.W. e A.W. Lin, *Apoptosis in cancer,* Carcinogenesis, 2000. **21**(3): p. 485-495.

123.	Galluzzi, L., et al., *Molecular mechanisms of cell death: recommendations of the Nomenclature Committee on Cell Death 2018.* cell Death & Differentiation, 2018. **25**(3): p. 486-541.

124.	Estaquier, J., et al., *The mitochondrial pathways of apoptosis (As vias mitocondriais da apoptose)* Adv Exp Med Biol, 2012. **942**: p. 157-83.

125.	Adams, J.M. e S. Cory, *The Bcl-2 protein family: arbiters of cell survival.* science, 1998. **281**(5381): p. 1322-6.

126.	Mizushima, N. e D.J. Klionsky, Protein *turnover via autophagy: implications for metabolism,* Annu Rev Nutr, 2007. **27**: p. 19-40.

127.	Xie, Z. e D.J. Klionsky, *Autophagosome formation: core machinery and adaptations,* Nature cell biology, 2007. **9**(10): p. 1102-1109.

128. Thoresen, S.B., et al., *Um subcomplexo de fosfatidilinositol 3-quinase de classe III contendo VPS15, VPS34, Beclin 1, UVRAG e BIF-1 regula A phosphatidylinositol 3-kinase class III subcomplex containing VPS15, VPS34, Beclin 1, UVRAG and BIF-1 regulates cytokinesis and degradative endocytic traffic.* Experimental cell research, 2010. **316**(20): p. 3368-3378.

129. Backer, J.M., *The regulation and function of Class III PI3Ks: novel roles for Vps34.* Biochem J, 2008. **410**(1): p. 1-17.

130. Kourtis, N. e N. Tavernarakis, *Autophagy and cell death in model organisms,* Cell Death & Differentiation, 2009. **16**(1): p. 21-30.

131. Zhong, Y., et al., *Distinct regulation of autophagic activity by Atg14L and Rubicon associated with Beclin 1-phosphatidylinositol-3-kinase complex.* Nat Cell Biol, 2009. **11**(4): p. 468-76.

132. Vergne, I., et al., *Control of autophagy initiation by phosphoinositide 3-phosphatase Jumpy.* Embo j, 2009. **28**(15): p. 2244-58.

133 Radoshevich, L., et al., *ATG12 conjugation to ATG3 regulates mitochondrial homeostasis and cell death,* Cell, 2010. **142**(4): p. 590-600.

134. Nakatogawa, H., Y. Ichimura, e Y. Ohsumi, *Atg8, uma proteína semelhante à ubiquitina necessária para a formação de autofagossomas, medeia a ligação à membrana e a formação de autofagossomas.* Cell, 2007. **130**(1): p. 165-78.

135. Furuya, N., et al., *The evolutionarily conserved domain of Beclin 1 is required for Vps34 binding, autophagy and tumor suppressor function.* Autophagy, 2005. **1**(1): p. 46-52.

136. Agarwal, E., M.G. Brattain, e S. Chowdhury, *sobrevivência celular e regulação de metástases pela sinalização Akt no cancro colorrectal.* sinalização celular. 2013. **25**(8): p. 1711-1719.

137 Hanahan, D. e R.A. Weinberg, *The hallmarks of cancer,* Cell, 2000. **100**(1): p. 57-70.

138. Ahmmed, B., et al., *A tunicamicina aumenta os efeitos supressores da cisplatina no crescimento do câncer de pulmão através da glicosilação de PTX3 via AKT / NF-kappaB* Int J Oncol, 2019. **54**(2): p. 431-442.

139. Lin, H.L., et al., *Combretastatin A4-induced differential cytotoxicity and reduced metastatic ability by inhibition of AKT function in human* J Pharmacol Exp Ther, 2007. **323**(1): p. 365-73.

140. Klein, G., et al., *The possible role of matrix metalloproteinase (MMP)-2 and MMP-9 in cancer, eg acute leukemia.* critical reviews in oncology/ hematology, 2004. 50(2): p. 87-100. hematologia, 2004. **50**(2): p. 87-100.

141. Chen, J., *Roles of the PI3K/Akt pathway in Epstein-Barr virus-induced cancers and therapeutic implications [Funções da via PI3K/Akt nos cancros induzidos pelo vírus Epstein-Barr e implicações terapêuticas]* World J Virol, 2012. **1**(6): p. 154-61.

142. Porta, C., C. Paglino, e A. Mosca, *Targeting PI3K/Akt/mTOR signaling in cancer,* Frontiers in oncology, 2014. **4**: p. 64.

143. Cancer Genome Atlas Research, N., *Comprehensive molecular characterization of gastric adenocarcinoma,* Nature, 2014. **513**(7517): p. 202-9.

144. Garcia-Rostan, G., et al., *Mutação do gene PIK3CA no cancro anaplásico da tiróide,* Cancer Res, 2005. **65**(22): p. 10199-207.

145. Li, V.S., et al., *Mutations of PIK3CA in gastric adenocarcinoma,* BMC Cancer, 2005. **5**: p. 29.

146. Chen, W., et al., *Cancer statistics in China, 2015.* ca: A Cancer Journal for Clinicians, 2016. **66**(2): p. 115-132.

147. Zhong, Y., et al., *Distinct regulation of autophagic activity by Atg14L and Rubicon associated with Beclin 1-phosphatidylinositol- 3-kinase complex.* Nature Cell Biology, 2009. **11**(4): p. 468-476.

148. Jin, R., et al., *Da0324, um inibidor da ativação do fator nuclear-κB, demonstra atividade antitumoral seletiva em células de câncer gástrico humano.* Design, desenvolvimento e terapia de medicamentos, 2016. **10**: p. 979-995.

149. Bertuccio, P., et al., *Padrões alimentares e risco de cancro gástrico: uma revisão sistemática e meta-análise.* Annals of Oncology, 2013. **24**(6): p. 1450- 1458.

150. Forman, D. e V.J. Burley, *Gastric cancer: global pattern of the disease and an overview of environmental risk factors.* best Practice & Research Clinical Gastroenterology, 2006. 20(4): p. 633-649. Investigação em Gastroenterologia Clínica, 2006. **20**(4): p. 633-649.

151. Bertuccio, P., et al., Recent *patterns in gastric cancer: A global overview,* International Journal of Cancer, 2009. **125**(3): p. 666-673.

152. Pischon, T. e K. Nimptsch, *Obesity and Risk of Cancer: An Introductory Overview (Obesidade e risco de cancro: uma visão geral introdutória),* Recent Results Cancer Res, 2016. **208**: p. 1-15.

153. Dicken, B.J., et al. *Gastric adenocarcinoma: review and considerations for future directions.* Annals of surgery, 2005. **241**(1): p. 27-39.

154. Vauhkonen, M., H. Vauhkonen e P. Sipponen, *Pathology and molecular biology of gastric cancer (Patologia e biologia molecular do cancro gástrico).* Best Practice & Research Clinical Gastroenterology, 2006. **20**(4): p. 651-674.

155. Henson, D.E., et al., *Differential Trends in the Intestinal and Diffuse Types of Gastric Carcinoma in the United States, 1973-2000. Aumento do tipo de células em anel de sinete,* Archives of Pathology & Laboratory Medicine, 2004. **128**(7): p. 765-770.

156. Smith, B.R. e B.E. Stabile, *Extreme Aggressiveness and Lethality of Gastric Adenocarcinoma in the Very Young,* Archives of Surgery, 2009. **144**(6). p. 506-510.

157.   Vogiatzi, P., et al. *Decifrar os eventos genéticos e epigenéticos subjacentes que conduzem à carcinogénese gástrica.* Journal of Cellular Physiology , 2007. **211**(2): p. 287-295.

158.   Wu, A. e J. Ji, *Quimioterapia Adjuvante para o Cancro Gástrico ou Não: Um Dilema?* JNCI: Jornal do Instituto Nacional do Cancro, 2008. **100**(6): p. 376-377 .

159.   Lefort, É.C. e J. Blay, *Apigenin and its impact on gastrointestinal cancers,* Molecular Nutrition & Food Research, 2013. **57**(1): p. 126-144.

160.   Ferrini, K., et al., *Lifestyle, nutrition and breast cancer: facts and presumptions for consideration.* ecancermedicalscience, 2015. **9**: p. 557- 557.

161.   Harvell, D.M., et al., *Genomic signatures of pregnancy-associated breast cancer epithelia and stroma and their regulation by estrogens and* Horm Cancer, 2013. **4**(3): p. 140-53.

162.   Higdon, J.V., et al. *Cruciferous vegetables and human cancer risk: epidemiologic evidence and mechanistic basis.* pharmacological research. 2007. **55**(3): p. 224-236.

163   Howes, M.-J.R. and M.S.J. Simmonds, *The role of phytochemicals as micronutrients in health and disease.* current Opinion in Clinical Nutrition & Metabolic Care, 2014. 17(6): p. 558-566. Metabolic Care, 2014. **17**(6): p. 558-566.

164.   Murakami, A., *Chemoprevention with Phytochemicals Targeting Inducible Nitric Oxide Synthase.*

165.   Cragg, G.M. e D.J. Newman, *Antineoplastic agents from natural sources: achievements and future directions.* Drugs, 2000. **9**(12): p. 2783-2797.

166.   Kim, J. e E.J. Park, *Cytotoxic anticancer candidates from natural resources,* Curr Med Chem Anticancer Agents, 2002. **2**(4): p. 485-537.

167.   Galati, G. e P.J. O'Brien, *Potential toxicity of flavonoids and other dietary phenolics: significance for their chemopreventive and anticancer properties.* Free Radical Biology and Medicine, 2004. **37**(3): p. 287-303.

168.   Yang, C.S., P. Maliakal, e X. Meng, *Inhibition of Carcinogenesis by Tea,* Annual Review of Pharmacology and Toxicology, 2002. **42**(1): p. 25-54.

169)   Yang, C.S., et al., *Possible mechanisms of the cancer-preventive activities of green tea,* Molecular Nutrition & Food Research, 2006. **50**(2): p. 170-175. 170-175.

170.   Yang, C., W. Du e D. Yang, *Inibição do polifenol do chá verde EGCG ((-) - epigalocatequina-3-galato) na proliferação de células de câncer gástrico, suprimindo a via de sinalização canônica wnt / β-catenina.* Jornal Internacional de Ciências Alimentares e Nutrição, 2016. **67** (7): p . 818-827.

171.   Gutierrez-Orozco, F., et al., *Green and Black Tea Inhibit Cytokine-Induced Il-8 Production and Secretion in AGS Gastric Cancer Cells via Inibição da actividade do NF-κB.* Planta Med, 2010. **76**(15): p. 1659-1665.

172.   Onoda, C., et al., *(-)-Epigalocatequina-3-galato induz apoptose em linhas celulares de cancro gástrico através da regulação negativa da expressão de survivina.* Int J Oncol, 2011. **38**(5): p. 1403-8.

173.   Tanaka, T., et al., *(-)-Epigalocatequina-3-galato suprime o crescimento de células de cancro gástrico humano AZ521, tendo como alvo a DEAD-box* Free Radical Biology and Medicine, 2011. **50**(10): p. 1324-1335.

174.   seve, M., et al., *Resveratrol Enhances UVA-Induced DNA Damage in HaCaT Human Keratinocytes.* medicinal Chemistry, 2005. **1**(6): p. 629-633.

175.   Catalgol, B., et al., *Resveratrol: French Paradox Revisited,* Frontiers in Pharmacology, 2012. **3**(141).

176.   Holian, O., et al., *Inhibition of gastric cancer cell proliferation by resveratrol: role of nitric oxide.* American Journal of Physiology- Gastrointestinal and Liver Physiology, 2002. **282**(5): p. G809-G816.

177.   Aquilano, K., et al., *trans-Resveratrol inibe a proliferação de células de adenocarcinoma gástrico induzida por H2O2 através da inactivação de MEK1/2-ERK1/2-c* -Biochemical Pharmacology, 2009. **77**(3): p. 337-347.

178.   Riles, W.L., et al., *O resveratrol activa sinais apoptóticos selectivos em células de adenocarcinoma gástrico.* world journal of gastroenterology, 2006. **12**(35): p. 5628-5634.

179.   Atten, M.J., et al., *Resveratrol-induced inactivation of human gastric adenocarcinoma cells through a protein kinase C-mediated mecanismo11Abreviaturas: COX-1, ciclo-oxigenase-1; COX-2, ciclo-oxigenase-2; PKC, proteína quinase C; ERK1/ERK2, proteína quinase activada por mitogénio activadas; NA, nitrosamina(s); TCA, ácido tricloroacético; e PMSF, fluoreto de fenilmetilsulfonilo.* Biochemical Pharmacology, 2001. **62**(10): p. 1423- 1432.

180.   Wang, Z., et al., *O resveratrol induz a apoptose das células do cancro gástrico através de espécies reactivas de oxigénio, mas independentemente da sirtuina1. Farmacologia e Fisiologia* Clínica e Experimental, 2012. 39(3): p. 227-232. Experimental Pharmacology and Physiology, 2012. **39**(3): p. 227-232.

181.   Jing, X., et al., *Resveratrol induz a parada do ciclo celular em células MGC803 de câncer gástrico humano através da via de sinalização PI3K / Akt regulada por PTEN.* Oncol Rep, 2016. **35**(1): p. 472-8.

182.   Wu, X., et al., *Resveratrol induz apoptose em células de cancro gástrico SGC-7901.* oncology letters, 2018. **16**(3): p. 2949-2956.

183.   Shin, K.-O., et al., *Inhibition of sphingolipid metabolism enhances resveratrol chemotherapy in human gastric cancer cells.* biomolecules & therapeutics, 2012. 20(5): p. 470-476. therapeutics, 2012. **20**(5): p. 470-476.

184.   Dai, H., et al., *Resveratrol inibe o crescimento do câncer gástrico através da via Wnt / β-catenina.* cartas de oncologia, 2018. **16** (2): p. 1579-1583.

185.   Zhou, H.-B., et al., *Anticancer activity of resveratrol on implanted human primary gastric carcinoma cells in nude mice.* world journal of gastroenterologia, 2005. **11**(2): p. 280-284.

186.   Yang, T., et al., *Resveratrol inibe a invasão induzida pela Interleucina-6 de células de cancro gástrico humano.* Biomedicina e Farmacoterapia, 2018. **99** : p. 766-773.

187.   Antunes, F., et al., *Autofagia e jejum intermitente: a conexão para a terapia do câncer?* Clínicas (São Paulo, Brasil), 2018. **73**(suppl 1): p. e814s-e814s.

188.   Dybkowska, E., et al., *A ocorrência de resveratrol nos alimentos e o seu potencial para apoiar a prevenção e o tratamento do cancro. uma revisão.* rocz Panstw Zakl Hig, 2018. **69**(1): p. 5-14.

189.   Yang, Q., et al., *O resveratrol inibe o crescimento do cancro gástrico ao induzir a paragem da fase G1 e a senescência de uma forma dependente de Sirt1.* ploS one. 2013. **8**(11): p. e70627-e70627.

190.   Mahady, G.B. e S.L. Pendland, *Resveratrol inibe o crescimento de Helicobacter pylori in vitro.* Am J Gastroenterol, 2000. **95**(7): p. 1849.

191.   Zaidi, S.F.H., et al., *Effect of Resveratrol on <i>Helicobacter pylori</i>-Induced Interleukin-8 Secretion, Reactive Oxygen Species Generation and Morphological Changes in Human Gastric Epithelial Cells. Geração de Espécies Reactivas de Oxigénio e Alterações Morfológicas em Células Epiteliais Gástricas Humanas.* Boletim Biológico e Farmacêutico, 2009. **32**(11): p. 1931-1935.

192   Walle, T., et al., *HIGH ABSORPTION BUT VERY LOW BIOAVAILABILITY OF ORAL RESVERATROL IN HUMANS,* Drug Metabolism and Disposition, 2004. **32**(12): p. 1377-82. 1377-1382.

193.   Jurenka, J.S., *Anti-inflammatory properties of curcumin, a major constituent of Curcuma longa: a review of preclinical and clinical research.* Altern Med Rev, 2009. **14**(2): p. 141-53.

194.   Mirzaei, H., et al., *Curcumin: A new candidate for melanoma therapy?* International Journal of Cancer, 2016. **139**(8): p. 1683-1695.

195. Basnet   , P. e N. Skalko-Basnet, *Curcumin: an anti-inflammatory molecule from a curry spice on the path to cancer treatment.* Suíça), 2011. **16**(6): p. 4567-4598.

196.   Liang, T., et al., *apoptose de células BGC-823 de cancro gástrico humano induzida por curcumina por via de sinalização de stress ASK1-MKK4-JNK mediada por ROS.* Revista internacional de ciências moleculares, 2014. **15**(9): p. 15754-15765.

197.   Moragoda, L., R. Jaszewski, e A.P. Majumdar, *Curcumin induced modulation of cell cycle and apoptosis in gastric and colon cancer cells.* Anticancer Res, 2001. **21**(2a): p. 873-8.

198.   Zhou, X., et al., *A curcumina aumenta os efeitos do 5-fluorouracil e da oxaliplatina na indução da apoptose das células do cancro gástrico, tanto in vitro como in vivo.* Oncol Res, 2016. **23**(1-2): p. 29-34.

199.   Cai, X.Z., et al., *Efeitos inibitórios da curcumina em células de cancro gástrico: Um estudo proteómico de alvos moleculares.* fitomedicina, 2013. **20**(6): p. 495-505. 495-505.

200   Yu, L.L., et al., *Curcumin reverses chemoresistance of human gastric cancer cells by downregulating the NF-kappaB transcription factor.* Oncol Rep, 2011. 26(5): p. 119-203. , 2011. **26**(5): p. 1197-203.

201.   Bhardwaj, A., et al., *Resveratrol inibe a proliferação, induz a apoptose e supera a quimiorresistência através da regulação negativa de STAT3 e de produtos de genes antiapoptóticos e de sobrevivência celular regulados pelo factor nuclear-κB em células de mieloma múltiplo humano.* Sangue, 2006. **109**(6): p. 2293-2302. 2293-2302.

202.   Cai, X.-Z., et al., *A curcumina suprime a proliferação e a invasão em células de cancro gástrico humano através da regulação negativa da actividade da PAK1 e da ciclina D1* Cancer Biology & Therapy, 2009. **8**(14): p. 1360-1368.

203.   Ranveer, R.C., *Capítulo 13 - Licopeno: Um Pigmento Vermelho Natural*, em *Agentes Aromatizantes Naturais e Artificiais e Corantes Alimentares*, A.M. Grumezescu e A.M. Holban, Editores. 2018, Academic Press. p. 427-456.

204.   Jang, S.H., et al., *Lycopene inibe a resposta a danos no DNA dependente de ATM / ATR induzida por Helicobacter pylori em células AGS epiteliais gástricas.* livre Radical Biology and Medicine, 2012. **52**(3): p. 607-615.

205.   Park, B., J.W. Lim e H. Kim, *o tratamento com licopeno inibe a ativação da sinalização Jak1 / Stat3 e Wnt / β-catenina e atenua hiperproliferação em células epiteliais gástricas* Pesquisa em Nutrição, 2019. **70**: p. 70-81.

206.   Zhang, B. e Y. Gu, *Baixa expressão da via de sinalização ERK que afecta a proliferação, a paragem do ciclo celular e a apoptose das células gástricas humanas HGC-27* Relatórios de Biologia Molecular, 2014. **41**(6): p. 3659-3669.

207.   Boyacioglu, M., et al., Os *efeitos do licopeno sobre os danos no ADN e o stress oxidativo na úlcera gástrica induzida pela indometacina em ratos.* Nutrition, 2016. **35**(2): p. 428-435.

208.   Velmurugan, B., V. Bhuvaneswari, e S. Nagini, *Antiperoxidative effects of lycopene during N-methyl-N'-nitro-N-nitrosoguanidine-induced* Fitoterapia, 2002. **73**(7): p. 604-611.

Liu, C., R.M. Russell, and X.-D. Wang, *Lycopene Supplementation Prevents Smoke-Induced Changes in p53, p53 Phosphorylation, Cell Proliferation, and Apoptosis in the Gastric Mucosa of Ferrets.* The Journal of Nutrition, 2006. **136**(1): p. 106-111.

210. Zhang, J.-Y., et al., *Tratamento combinado de curcumina e quercetina contra células MGC-803 de câncer gástrico in vitro.* Moléculas, 2015. **20**(6): p. 11524-11534.

211. Cristiana, C., et al., *Berberina: Novas percepções dos aspectos farmacológicos às evidências clínicas no tratamento de distúrbios metabólicos.* Química Medicinal Actual, 2016. **23**(14): p. 1460-1476.

212. Pandey, M.K., et al. *A berberina modifica a cisteína 179 da IκBα quinase, suprime o gene antiapoptótico regulado pelo factor nuclear-κB* Cancer Research, 2008. **68**(13): p. 5370-5379.

213 Jantová, S., et al., *Effect of berberine on proliferation, cell cycle and apoptosis in HeLa and L1210 cells.* Journal of Pharmacy and Pharmacology. 2003. **55**(8): p. 1143-1149.

214. Zou, K., et al., *Avanços no estudo da berberina e seus derivados: um foco nos efeitos anti-inflamatórios e anti-tumorais no sistema digestivo.* Acta Pharmacologica Sinica, 2017. **38**(2): p. 157-167.

215. LIN, J.-P., et al., *Berberine Induced Down-regulation of Matrix Metalloproteinase-1, -2 and -9 in Human Gastric Cancer Cells (SNU-5) In Vitro.* In Vivo, 2008. **22**(2): p. 223-230.

216. *Efeito inibitório sinérgico da berberina e do d-limoneno na linha celular de carcinoma gástrico humano MGC803.* Journal of Medicinal Food, 2014. **17** (9): p. 955- 962.

217. Hu, Q., et al., *Proliferação, invasão e migração atenuadas pela berberina, visando a via AMPK / HNF4α /WNT5A no carcinoma gástrico.* Fronteiras em Farmacologia, 2018. **9** (1150).

218. You, H.Y., et al., *Berberine modula a sensibilidade à cisplatina das células de cancro gástrico humano através da regulação positiva do miR-203.* In Vitro Cell Dev Biol Anim. 2016. **52**(8): p. 857-63.

219. Wang, J., et al., *Berberine inhibits EGFR signaling and enhances the antitumor effects of EGFR inhibitors in gastric cancer.* oncotarget, 2016. **7**(46): p. 76076-76086.

220. Lin, Y.-H., et al., *Nanopartículas direccionadas carregadas com berberina como terapia específica de erradicação da Helicobacter pylori: estudo in vitro e in vivo.* Nanomedicina, 2015. **10**(1): p. 57-71.

221. Chang, HR, et al., *HNF4α é um alvo terapêutico que liga a AMPK à sinalização WNT no câncer gástrico em estágio inicial.* intestino, 2016. **65** (1): p. 19-32.

222. Zhang, D., et al., *Terapia quádrupla contendo berberina para erradicação inicial de Helicobacter pylori: um estudo aberto randomizado de fase IV.* Medicina, 2017. **96**(32): p. e7697-e7697.

223   Chen, J., et al., *O cloridrato de berberina neutraliza a expressão aumentada de IL-8 induzida por SN 38 em células AGS.* J Asian Nat Prod Res, 2018. **20** (8): p. 781 -792.

224.   Luo, H., et al. *Kaempferol inibe a angiogénese e a expressão de VEGF através de vias dependentes e independentes do HIF em células humanas de cancro do ovário.* Nutrition and cancer, 2009. **61**(4): p. 554-563.

225.   Luo, H., et al., *Kaempferol aumenta o efeito da cisplatina nas células de cancro do ovário através da promoção da apoptose causada pela regulação negativa de cMyc.* Cancer Cell International, 2010. **10**(1): p. 16.

226.   Luo, H., et al. *O Kaempferol induz a apoptose em células de cancro do ovário através da activação do p53 na via intrínseca.* Química Alimentar, 2011. **128**(2) : p. 513-519. Food Chemistry, 2011. 128(2) : p. 513-519.

227.   Garcia-Closas, R., et al., *Intake of specific carotenoids and flavonoids and the risk of gastric cancer in Spain.* Cancer Causes Control, 1999. **10**(1) : p. 71-5. : p. 71-5.

228.   Song, H., et al. *Kaempferol inibe o crescimento do tumor do cancro gástrico: um estudo in vitro e in vivo.* Oncol Rep, 2015. **33**(2): p. 868-74.

229.   Miyaji, C.K., et al. *Extractos de Shiitake (Lentinula edodes (Berkeley) Pegler) como modulador de micronúcleos induzidos em células HEp-2.* Toxicologia in Vitro, 2006. **20**(8): p. 1555-1559.
Kataoka, M., et al., *Antibacterial action of tryptanthrin and kaempferol, isolated from the indigo plant (Polygonum tinctorium Lour.), against* Journal of Gastroenterology, 2001. **36**(1): p. 5-9.

231.   Zhang, F., et al., *O inibidor da caspase-1 AC-YVAD-CMK atenua a lesão gástrica aguda em ratos: envolvimento do silenciamento do inflamassoma NLRP3* Scientific Reports, 2016. **6**(1): p. 24166.

232.   Li, Q., et al., *Kaempferol protege úlceras gástricas induzidas por etanol em ratos através de citocinas pró-inflamatórias e NO.* Acta Biochim Biophys Sin (Shanghai), 2018. **50**(3): p. 246-253.

233.   Corazzari, M., et al., *Oncogenic BRAF induces chronic ER stress condition resulting in increased basal autophagy and apoptotic resistance of* Morte celular e diferenciação, 2015. **22**(6): p. 946-958.

234.   Kim, T.W., et al., *Kaempferol induz a morte celular autofágica através da via IRE1-JNK-CHOP e inibição de G9a em células de cancro gástrico.* Cell Death & amp Doença, 2018. **9** (9): p. 875.

235   Kuo, S.-M., P.S. Leavitt, e C.-P. Lin, *Dietary flavonoids interact with trace metals and affect metallothionein level in human intestinal cells.* Biological Trace Element Research, 1998. **62**(3): p. 135-153.

236.   *The merck index, 10th Ed. editado por Martha Windholz. Merck & Co., P.O. Box 2000, Rahway, NJ 07065. 1983. 2052 pp.* Journal of Pharmaceutical Sciences, 1984. **73**(6): p. 862-862.

237.   Suzuki, Y., et al., *Anti-ulcer Effects of Antioxidants, Quercetin, α-Tocopherol, Nifedipine and Tetracycline in Rats.* The Japanese Journal of Pharmacology, 1998. 78(4): p. 435-441. Jornal de Farmacologia, 1998. **78**(4): p. 435-441.

238   González-Segovia, R., et al., *Effect of the flavonoid quercetin on inflammation and lipid peroxidation induced by Helicobacter pylori in gastric mucosa of guinea pig.* Journal of Gastroenterology, 2008. **43**(6): p. 441.

239.   Brown, J.C., et al., *Actividades da casca de uva muscadine e da quercetina contra a infecção por Helicobacter pylori em ratos.* Journal of Applied Microbiology, 2011. **110**(1): p. 139-146.

240.   Borska, S., et al., *In vitro effect of quercetin on human gastric carcinoma: Targeting cancer cells death and MDR.* Food and Chemical Toxicology, 2012 . **50**(9): p. 3375-3383.

241.   Hyun, H.B., J.Y. Moon e S.K. Cho, *a quercetina suprime a resistência a múltiplas drogas mediada por CYR61 em células AGS de adenocarcinoma gástrico humano.* Molecules (Basileia, Suíça), 2018. **23**(2): p. 209.

242   Hu, X.T., et al., *Quercetin protects gastric epithelial cells from oxidative damage in vitro and in vivo,* Eur J Pharmacol, 2015. **754**: p. 115-24.

243.   Ekström, A.M., et al., *Dietary quercetin intake and risk of gastric cancer: results from a population-based study in Sweden [Ingestão de quercetina na dieta e risco de cancro gástrico: resultados de um estudo de base populacional na Suécia].* Annals of Oncology. 2010. **22**(2): p. 438-443.

244.   Kim, M.C., et al., *Quercetin induz apoptose inibindo MAPKs e canais TRPM7 em células AGS.* Int J Mol Med, 2014. **33** (6): p. 1657-63.

245.   Lei, C.-S., et al., *Efeitos da quercetina combinada com drogas anticâncer em fatores associados à metástase de células de câncer gástrico: in vitro e in* O Jornal de Bioquímica Nutricional, 2018. **51**: p. 105-113.

246.   Li, H. e C. Chen, *a quercetina tem efeitos antimetastáticos em células de câncer gástrico através da interrupção da função uPA / uPAR, modulando NF-κb, PKC- δ, ERK1 / 2 e AMPKα.* Terapias integrativas de câncer, 2018. **17** (2): p. 511-523.

247.   Yang, Y., et al., *A quercetina induz preferencialmente a apoptose em células de cancro colorrectal mutantes de KRAS através das vias de sinalização JNK.* Cell Biol Int. 2019. **43**(2): p. 117-124.

248.   Shang, H.-S., et al., *Apoptose celular induzida por quercetina e expressão gênica alterada em células de câncer gástrico humano AGS.* toxicologia ambiental. 2018. **33**(11): p. 1168-1181.

249. Wang, K., et al., *A quercetina induz autofagia protectora em células de cancro gástrico: envolvimento do factor 1alfa induzido por Akt-mTOR- e hipoxia-* Autofagia, 2011. **7**(9): p. 966-78.

250. Avni, G.D., et al., *Medicinal Plants and Cancer Chemoprevention,* Current Drug Metabolism, 2008. **9**(7): p. 581-591.

251. van Jaarsveld, P.J., et al., *A batata-doce de polpa alaranjada rica em β-caroteno melhora o nível de vitamina A das crianças do ensino primário* The American Journal of Clinical Nutrition, 2005. **81**(5): p. 1080-1087.

252. Smith, T.A., *Carotenoids and cancer: prevention and potential therapy,* Br J Biomed Sci, 1998. **55**(4): p. 268-75.

253. Kramling, H.J., et al. *Early results of IORT in the treatment of gastric cancer (Resultados iniciais da RIO no tratamento do cancro gástrico)* Front Radiat Ther Oncol, 1997. **31**: p. 157-60.

254. Jang, S.H., J.W. Lim e H. Kim, *Mecanismo de Apoptose de Células de Cancro Gástrico Induzida por β-Caroteno: Envolvimento da Ataxia-Telangiectasia Mutada.* Annals of the New York Academy of Sciences, 2009. **1171**(1): p. 156-162.

255. Kim, Y., J.H. Seo, e H. Kim, *β-Caroteno e Luteína Inibem a Activação de NF-κB e IL-8 induzida por Peróxido de Hidrogénio* Journal of Nutritional Science and Vitaminology, 2011. **57**(3): p. 216-223.

256. Bliss, T.M. e D.P. Lane, *Ku Selectively Transfers between DNA Molecules with Homologous Ends.* Journal of Biological Chemistry, 1997. **272**(9): p. 5765-5773. 5765-5773.

257. Park, Y., et al., *A apoptose induzida por β-caroteno é mediada pela perda de proteínas Ku em células AGS de câncer gástrico.* genes e nutrição, 2015. **10** (4). p. 17.

258. Lu, L., et al., *betacaroteno reverte a EMT gástrica induzida pelo fumo do tabaco através da via Notch in vivo.* Oncol Rep, 2018. **39** (4): p. 1867-1873.

6.0 Publicação

1 **Syed Riaz Ud Din**, Mintao Zhong, Muhammad Azhar Nisar, Muhammad Zubair Saleem, Akbar Hussain, Kavish H. Khinsar, Shahid Alam, Gohar Ayub, Sadia Kanwal. Xingyun Li, Wei Zhang, Xiaoli Wang, Anhong Ning, Jing Cao, Min Huang. Latcripin-7A, derivado de Lentinula edodes C91-3, reduz a migração e induz apoptose, autofagia e paragem do ciclo celular na fase G1 em células de cancro da mama. **Artigo de investigação publicado em Applied microbiologia Aplicada e Biotecnologia Q1. IF: 3.5**

2 **Syed Riaz Ud Din,** Muhammad Azhar Nisar, Muhammad Noman Ramzan, Muhammad Zubair Saleem, Hassan Ghayas, Bashir Ahmad, Samana Batool, Kashif Kifayat, Min Huang, Mintao Zhong. A latcripina-7A de Lentinula edodes C91-3 induz apoptose, autofagia e paragem do ciclo celular na fase G1 em células de cancro gástrico humano através da inibição da PI3K/Kinase e da inibição da paragem do ciclo celular na fase G1. **Artigo de investigação submetido no European Journal of pharmacology Q1. IF: 3.2 (Em revisão)**

3 Muhammad Zubair Saleem, Muhammad Azhar Nisar, Mohammed Alshwmi, **Syed Riaz ud Din**, Yaser Gamallat, Muhammad Khan, Tonghui Ma. Brevilin A Inhibits STAT3 Signaling and Induces ROS-Dependent Apoptosis, Mitochondrial Stress and Endoplasmic Reticulum Stress in MCF-7 Breast Cancer Cells. Sinalização e Indução de Apoptose Dependente de ROS, Stress Mitocondrial e Stress do Retículo Endoplasmático em Células de Cancro da Mama MCF-7. 2020. **Artigo publicado em *Oncotargets and Therapy*. Q2. IF: 3.337**

4 Muhammad Zubair Saleem, Mohammed Alshwmi, He Zhang, **Syed Riaz Ud Din,** Muhammad Azhar Nisar, Muhammad Khan, Shahid Alam, Gulzar Alam, Lingling Jin. Tonghui Ma. A inibição da autofagia mediada por JNK promove a apoptose induzida por Proscilaridina A através da geração de ROS, oscilação intracelular de Ca +2 e inibindo a sinalização STAT3 em células de câncer de mama. 2020. **Artigo de pesquisa aceito em *Fronteiras em Farmacologia*. Q1. IF: 4.225**

5 Wen-dong WANG, Nan-nan ZHANG, Warren CHANDA, Min LIU, **Syed Riaz ud DIN**, Yun-peng DIAO, Lei LIU, Jing CAO, Xiao-li WANG, Xing-yun LI, An-hong NING, Min Actividade antibacteriana e anti-biofilme do extracto lipídico de *Mantidis ootheca* em *Pseudomonas aeruginosa*. **Artigo de investigação publicado no Journal of Zhejiang University Science B. IF: 2.05**

6 Samana Batool, Thomson Patrick Joseph, Mushraf Hussain, Miza S. Vuai, Kavish H. Khinsar, **Syed Riaz Ud Din**, Arshad Ahmed Padhiar, Mintao Zhong, Anhong Ning, Wei

Zhang, Jing Cao e Min Huang. Ning, Wei Zhang, Jing Cao e Min Huang. LP1 de Lentinula edodes C91-3 induz autofagia, apoptose e reduz a metástase em células de cancro gástrico humano SGC-701. **Artigo de pesquisa publicado no International Journal of Molecular Sciences. Q1. IF: 4.1**

7   Bashir Ahmad, Shafiq Ur Rehman, Azizullah , Muhammad Fiaz Khan, **Syed Riaz Ud Din,** Manzoor Ahmad, Ashraf Ali, Naeem Tahir, Nasir Azam, Yaser Gamallat. Khalil Ur Rahman, Muhsin Ali, Muhammad Safi, Imran Khan, Samina Qamer, Deog-Hwan Oh. Mecanismos Moleculares das Actividades Anticancerígenas da Polifilina VII. Polyphyllin VII. **Artigo de revisão publicado em Chemical Biology and Drug Design I.F: 2.548.**

8   Muhammad Azhar Nisar, Zheng Qin, Muhammad Zubair Saleem, **SYED RIAZ UD DIN**, Bulbul Ahmmed, Muhammad Noman Ramzan, NAEEM TAHIR, Yan Qiu. A inibição da IL-1 β promoveu o mimetismo vascular em células de cancro da mama através das vias de sinalização p38/MAPK e PI3K/Akt. **Artigo de investigação publicado na Frontiers Oncologia I.F: 4.848.**

9   Muhammad Azhar Nisar, Ph.D.; Zheng Qin; **Syed Riaz Ud Din;** Bulbul Ahmmed; Muhammad Zubair Saleem; Muhammad Noman Ramzan; Naeem Tahir; Sadia Kanwal. Mohammed Alshwmi; Yan Qiu. IL-1β promove autofagia, apoptose e paragem do ciclo celular apoiada pela inibição de p38/MAPK no cancro da mama ER+ e ER-. **Artigo de investigação em revisão na BMC Immunology I.F: 2.276.**

10 Muhammad Noman Ramzan, Zheng Qin, **Syed Riaz ud Din**, Muhammad Azhar Nisar, Naeem Tahir, Yan Qiu· A desglicosilação da pentraxina 3 inibe a proliferação e promove a apoptose do cancro da mama através da via de sinalização wnt/β-catenina. A desglicosilação da pentraxina 3 inibe a proliferação e promove a apoptose do cancro da mama através da via de sinalização wnt/β-catenina. .

11 **Syed Riaz Ud Din,** Muhammad Zubair Saleem, Muhammad Azhar Nisar, Muhammad Noman Ramzan, Samana Batool, Akbar Hussain, Kavish. H. Khinsar, Mintao Zhong. Min Huang. Expressão, caracterização e actividade anticancerígena de novas proteínas recombinantes LP7-A e LP7-B extraídas de *Lentinula edodes*. 2021. **(Publicação em curso)**

12 **Syed Riaz Ud Din,** Muhammad Azhar Nisar, Muhammad Zubair Saleem, Hassan Ghayas, Akbar Hussain, Kavish. H. Khinsar, Mintao Zhong, Min Huang. LP7-B, uma nova proteína recombinante da família das superquinase, induz apoptose e autofagia em células de cancro gástrico. LP7-B, uma nova proteína recombinante da família das super quinase, induz apoptose e autofagia em células de cancro gástrico. 2021. **(Publicação em curso)**

7.0 Reconhecimento

Em nome de Alá, que é o mais benevolente e misericordioso. Este trabalho de investigação foi realizado no departamento de Microbiologia sob a supervisão do Prof. Huang Min e Dr. Zhong. Gostaria de lhes expressar a minha mais sincera gratidão pela sua orientação ilimitada e contínua durante o meu trabalho de investigação. Estou-lhes grato pela sua paciência, apoio e encorajamento, que me ajudaram muito a crescer no meu campo de investigação. As suas valiosas orientações tornaram-me capaz de realizar o meu trabalho de investigação, ultrapassar os obstáculos e escrever os meus artigos de investigação e a minha tese.

Estou também grato a todos os meus colegas de laboratório e a outros colegas do país, especialmente ao **Dr. Muhammad Azhar Nisar,** ao Dr. **Zubair Khattak, ao Dr. Muhammad Noman Ramzan, ao Dr. Hassan Ghayas,** ao Dr. Akbar Hussain, ao Dr. Kawish H Khinsar e à Sra. Hu Jia pelo seu apoio durante o meu trabalho e por me proporcionarem um ambiente amigável no laboratório. **Ghayas, Dr. Akbar Hussain, Dr. Kawish H Khinsar, Miss Hu Jia pelo seu apoio durante o meu trabalho e por me proporcionarem** um ambiente amigável no laboratório.

Gostaria de reconhecer os esforços do pessoal técnico e da International Education College of Dalian Medical University, especialmente do Sr. **Steven,** da **Srta. Kitty, da Srta. Nana e do Sr. Michael, por estarem sempre prontos a ajudar-me sempre que precisei. Gostaria de agradecer os esforços do pessoal técnico e da Faculdade de Educação Internacional da Universidade de Medicina de Dalian, especialmente ao Sr. Steven, à Sra. Kitty, à Sra. Nana** e ao **Sr. Michael por estarem sempre prontos** a ajudar-me sempre que precisei.

Devo os meus agradecimentos aos meus pais, **Sr. Ahmed Din (falecido)** e **Sra. Ahmed Din,** aos meus **queridos irmãos e a todos os membros da família** que sempre acreditaram em mim e lançaram uma semente de conhecimento na minha alma. Eles tornaram-me capaz de explorar o mundo com oportunidades ilimitadas. Acredito que tudo o que sou hoje se deve apenas ao seu amor e encorajamento.

Syed Riaz Ud din

yes
I want morebooks!

Buy your books fast and straightforward online - at one of world's fastest growing online book stores! Environmentally sound due to Print-on-Demand technologies.

Buy your books online at
www.morebooks.shop

Compre os seus livros mais rápido e diretamente na internet, em uma das livrarias on-line com o maior crescimento no mundo! Produção que protege o meio ambiente através das tecnologias de impressão sob demanda.

Compre os seus livros on-line em
www.morebooks.shop

Printed by Books on Demand GmbH, Norderstedt / Germany